泥石流灾害时空过程模拟与可视化分析

朱　军　李维炼　尹灵芝　付　林　著

U0262622

科学出版社

北京

内 容 简 介

本书以灾害风险评估—模拟分析—场景建模—信息服务为主线,涵盖了泥石流灾害快速风险评估、模拟并行优化、虚拟地理场景建模、动态增强表达、可视化分析服务与案例应用等内容;以虚拟地理环境理论为基础,系统性讲述了泥石流灾害时空过程模拟与可视化分析的理论技术方法,并选择实际发生的两处典型泥石流灾害作为案例,对上述关键技术方法进行了验证。

本书可为从事泥石流灾害研究的科研人员及遥感地理信息专业的学生提供理论依据与应用参考,读者可通过本书深入研究泥石流风险评估与模拟分析等关键方法,其中第二类人员可以学习和掌握地理过程三维可视化与分析服务相关知识。当然,本书也适合对测绘、遥感、地理信息甚至灾害研究领域感兴趣的读者阅读。

图书在版编目(CIP)数据

泥石流灾害时空过程模拟与可视化分析/朱军等著. —北京:科学出版社,2023.3

ISBN 978-7-03-074721-1

Ⅰ. ①泥… Ⅱ. ①朱… Ⅲ. ①泥石流—灾害防治—研究 Ⅳ. ①P642.23

中国国家版本馆 CIP 数据核字(2023)第 009868 号

责任编辑:肖慧敏/责任校对:彭 映
责任印制:罗 科/封面设计:墨创文化

科 学 出 版 社 出版
北京东黄城根北街 16 号
邮政编码:100717
http://www.sciencep.com
成都锦瑞印刷有限责任公司印刷
科学出版社发行 各地新华书店经销

*

2023 年 3 月第 一 版 开本:787×1092 1/16
2023 年 3 月第一次印刷 印张:11 1/4
字数:267 000

定价:148.00 元
(如有印装质量问题,我社负责调换)

前　言

泥石流是一种在山区频发的典型地质灾害，往往由暴雨、洪水、滑坡等自然灾害引发，具有级配宽、浓度高、速度快、持续时间短、冲击力大、破坏性强等特点，一旦发生往往会导致交通中断和人员伤亡，严重制约着社会经济的可持续发展。因此，开展泥石流灾害时空过程模拟与可视化分析研究，准确地获取泥石流灾害风险程度、受灾范围、泥深流速等灾情信息，建立灾情信息三维可视化模拟分析服务，为应急救援演练和处置决策提供科学依据，对于泥石流防灾减灾具有十分重要的意义。

本书从测绘地理信息视角入手，以虚拟地理环境理论技术框架为指导，系统性开展了关于基于精细化格网的泥石流灾害快速风险评估、基于多格网尺度的泥石流灾害模拟并行优化、泥石流灾害虚拟地理场景建模、泥石流灾害过程可视化与增强表达、泥石流灾害演进模拟与可视化分析服务等关键技术与方法的研究，解决了现有泥石流灾害模拟与可视化中存在的模拟计算效率低、风险评估能力弱和灾情信息认知难等问题。本书是地理信息科学与地质学交互融合的产物，其拓宽了虚拟地理环境的应用边界，丰富了地质灾害模拟方法，有望推进自然灾害风险评估信息科学的发展。

朱军、李维炼、尹灵芝与付林负责全书的总体设计、组织、撰写与定稿工作。赖建波、乔晓琪、孙文锦和杨新宇等在资料收集与整理、文字校对等方面做了大量工作，在此一并表示衷心的感谢。

本书出版过程受西南交通大学研究生教材（专著）经费建设项目专项资助（SWJTU-ZZ2022-041）与四川省科技计划项目（2020JDTD0003）资助，在此表示深深的谢意。同时也感谢科学出版社编辑部老师的大力支持和在稿件审查过程中提出的宝贵修改意见。由于笔者对泥石流灾害时空过程模拟与可视化分析相关技术方法的认识有限，在总结归纳相关研究成果时若有不足和疏漏之处，敬请读者谅解与指正。

笔者

2021 年 11 月

目　　录

第1章 绪 论

1.1 研究背景与意义

    泥石流是一种在山区频发的典型地质灾害，往往由暴雨、洪水、滑坡等自然灾害引发，具有级配宽、浓度高、速度快、持续时间短、冲击力大、破坏性强等特点（Iverson，1997；Zhuang et al.，2010；乔成等，2016）。例如，2008 年"5·12"汶川地震及其余震导致受灾区域众多山体发生崩塌和滑坡并产生大量松散的崩塌体，这些崩塌体在持续强降水的条件下极易滑动，在重力作用驱动下也极易沿陡峭的沟道快速汇聚、运移，最终形成具有强大破坏能力的泥石流灾害（崔鹏等，2013；张永双等，2013）。又如，2010 年 8 月 7 日甘肃舟曲、8 月 12 日四川安县、8 月 13 日四川绵竹，2013 年 7 月 11 日四川汶川，2016 年 5 月 8 日福建泰宁、9 月 18 日云南元谋，2017 年 8 月 8 日四川凉山，以及 2019 年 8 月 20 日四川汶川水磨镇等地也都发生了特大泥石流灾害。这些泥石流灾害的发生与发展导致受灾区域房屋被摧毁、交通被中断、出现大量人员伤亡，给生态环境造成毁灭性破坏，影响着社会的稳定，制约着经济的可持续发展（Blahut et al.，2010）。因此，迫切需要开展泥石流灾害时空过程模拟与可视化分析研究。确切掌握发生泥石流灾害的可能性，准确得到泥石流灾害的风险程度、受灾范围以及生命财产损失情况等灾情信息，为应急救援演练和科学处置决策提供灾情信息分析服务，对泥石流防灾减灾具有十分重要的意义（He et al.，2003；Hürlimann et al.，2006；Cui et al.，2011，2013；Zou et al.，2016）。

    泥石流灾害风险评估在风险范围预测、风险等级预判、灾情损失预估等方面发挥着积极作用（胡凯衡等，2003；Fuchs et al.，2007；Liu et al.，2009），现有的大多数针对泥石流灾害风险评估的研究仅集中在对泥石流灾害历史资料进行统计分析以及基于专家经验的危险因子选取与权重赋值层面，或者仅基于泥石流灾害模拟计算方法进行风险评估。基于经验知识的泥石流灾害风险评估方法虽然能够快速地对泥石流灾害进行风险评估，但是风险评估因子的选取与权重赋值、评估结果的准确性都依赖于专家的经验，并且只能简单地量化整条泥石流沟的风险程度，同一条沟在不同时期爆发的泥石流甚至可能会得到相同的风险评估结果（胡凯衡等，2003；Wei et al.，2008）。而基于泥石流灾害模拟计算方法虽然可以定量地分析多种情形下泥石流灾害的发生过程及受灾程度，但由于数值模拟计算与风险评估是分离的，需要将模拟结果导入专业的软件进行空间分析，因此，这类方法通常需要较长时间才能获得泥石流灾害风险评估结果，难以满足应急状态下泥石流灾害快速风险评估需求（Gentile et al.，2008；Calvo and Savi，2009；Liu et al.，2009；Cui et al.，2013；Zou et al.，2016）。此外，泥石流灾害风险评估中还存在许多关键问题亟待解决，如评估流程不明确、精细化程度不高和评估效率低等，难以满足复杂情形下泥石流灾害应急风险评估要求的精度和深度。因此,采用精细化的空间格网作为基本评估单元,将泥石流灾害定性风险评估方法与定量风险评估方法进行结合,高效地集成现有的分散的人员、空间数据、模型等资源,能够快速准确地评估泥石流灾害在发生和发展过程中可能带来的生命财产和社会经济损失。

在泥石流灾害数值模拟方面,许多研究学者主要采用 GIS(geographic information system,地理信息系统)支持的数值方程来构建一维或二维模型,对泥石流灾害演进过程进行模拟与空间分析(Ouyang et al.,2015)。然而,大多数 GIS 软件主要采用 CPU(central processing unit,中央处理器)串行方式进行数值计算,导致模型运算时间过长,尤其在使用高分辨率 DEM(digital elevation model,数字高程模型)数据进行精细化数值模拟时,模型计算效率偏低(D'Ambrosio et al.,2006;Lacasta et al.,2015)。因此,有必要将并行计算模式引入泥石流灾害数值模拟中,以突破计算能力的限制(Sanders and Kandrot,2010)。目前已有一些基于并行计算的泥石流灾害数值模拟研究,主要包括基于 Socket 分布式并行计算(Ferrari et al.,2009;杨升和管群,2011)、基于 CUDA(compute unified device architecture,计算统一设备体系结构)平台并行计算(杨夫坤等,2010)、基于 OpenMP 多核并行计算(Huang et al.,2008;Oliverio et al.,2011)。基于 OpenMP 多核并行计算由于具有简单易行、移植性好、灵活的跨平台能力等优点而得到广泛应用(邹贤才等,2010;Amritkar et al.,2012),但在现有的研究中,为了保证泥石流灾害模拟计算的准确性,仅使用单一、高分辨率的格网尺度数据进行并行模拟计算,而针对不同格网尺度下泥石流灾害数值模型计算的效率与准确性缺乏系统的研究,难以为应急情景下泥石流灾害快速准确模拟提供最佳的格网尺度参数。因此,本书选择不同尺度的格网数据,基于 OpenMP 并行计算开展泥石流灾害演进过程模拟,在准确性和效率之间进行均衡,选择适宜格网尺度范围,以便快速准确地获取泥石流灾害模拟计算过程中泥深、流速、淤埋范围等灾情信息。

在泥石流灾害场景建模与可视化方面,虚拟地理环境(virtual geographic environment,VGE)作为新一代地理学语言,已成为科学实验分析依据和新工具,其注重多源数据整合、集成和共享,借助地理分析模型和多维感知表达技术,能够实现更高层次的地理问题分析、地理现象模拟以及地理环境变化预测等(林珲和朱庆,2005;Lü,2011;朱庆,2014;林珲等,2018)。可见,虚拟地理环境能够为泥石流灾害应急决策提供一种新的方法,通过构建虚拟地理环境实现泥石流灾害知识的融合表达与共享,辅助进行泥石流灾害分析与应急决策是目前及未来的一个重要趋势(Lin et al.,2013;Denolle et al.,2014)。然而,泥石流灾害场景对象众多,现有的虚拟地理场景建模方法聚焦于场景建模过程及渲染优化技术本身,场景对象之间关系定义不清晰,场景表达方面注重可视化效果,忽视了场景对象语义以及对象之间关联语义的表达,导致灾情信息可读性差,用户难以理解(Hagemeier-Klose and Wagner,2009;Dransch et al.,2010)。

针对现有泥石流灾害研究中存在的模拟计算效率低、风险评估能力弱、建模效率低、可视化效果差以及灾害知识难以共享等问题,本书面向泥石流防灾减灾等需求,在虚拟地理环境框架理论与技术支撑下,开展泥石流灾害时空过程模拟与可视化分析研究,主要包括基于精细化格网的泥石流灾害快速风险评估、基于多格网尺度的泥石流灾害模拟并行优化、泥石流灾害虚拟地理场景建模、泥石流灾害过程可视化与增强表达和泥石流灾害演进模拟与可视化分析服务等关键技术与方法。

本书面向我国对泥石流灾害模拟和灾情可视化的重大需求，从测绘地理信息视角入手，对泥石流灾害数值模拟与可视化的技术与方法进行研究，同时兼顾泥石流模拟的数学特性、可视化效果和灾害语义信息表达，是地质学科与地理信息科学的新结合，拓宽了虚拟地理环境的应用边界，丰富了地质灾害模拟方法，同时有望推进自然灾害风险评估科学的发展。

1.2   国内外研究现状

1.2.1   泥石流灾害风险评估

风险是一个通俗的日常用语，也是一个古老的科学论题，其在经济学、自然科学、技术科学和日常生活中已有很长的使用和研究历史。按权威的韦伯字典的说法，风险是"面临伤害或损失的可能性"（张迎春，2007），美国哈佛大学的 Wilson 和 Crouch（1987）发表在 *Science* 上的介绍风险评价的文章将风险的本质描述为不确定性，定义为期望值，或者说含有概率的预测值。通常认为，有风险意味着面临选择。因此，风险评价的主要功能之一就是进行风险性大小的比较，即风险性排序，为决策者提供理性而不仅仅是感性的依据（刘希林，2001）。

自然灾害风险的定义多种多样，Maskrey（1989）的定义为"风险是某一自然灾害发生后所造成的损失"，这一定义将风险等同于灾害造成的损失，将风险评价等同于灾后的灾情评价，似乎并不恰当，它不符合风险的本质特征。Smith（1996）的定义为"风险是某一灾害发生的概率"，这一定义仅从灾害的发生概率来考虑，没有考虑灾害发生的后果。Tobin 和 Montz（1997）将风险定义为"某一灾害发生概率和期望损失的乘积"。Deyle 等（1998）的定义为"风险是对某一灾害发生的概率或频率与灾害结果的描述"。Hurst（1998）的定义为"风险是对某一灾害发生概率与灾害结果的描述"。国际地质科学联合会滑坡工作组的定义为"风险是针对滑坡灾害对人类健康、财产和环境造成负效应的严重性和滑坡灾害发生概率的度量"（IGUS，1997）。以上关于风险的定义反映了专家学者对风险的理解的发展过程，具有一定的代表性。联合国人道主义事务协调厅于 1991 年和 1992 年两次正式公布了自然灾害风险的定义："风险是在一定区域和给定时间内，由某一自然灾害引起的人民生命财产和经济活动的期望损失值"（United Nations，1991），这一定义已逐步得到了国内外专家学者的认同（Alexander，1993；Liam，1993；刘希林，2000）。

风险的表达是基于对风险定义的理解而来的。如上所述，由于对自然灾害风险有不同的定义，因而自然灾害风险的数学表达式也不同。Maskrey（1989）提出的风险表达式为"风险性 = 危险性 + 易损性"，此表达式的最大贡献是首次将风险性表达为危险性与易损性的函数，即风险不仅与致灾体的自然属性有关，也与承灾体的社会经济属性有关。

Smith（1996）提出将风险表示为"风险性＝概率×损失"，Deyle等（1998）与Hurst（1998）提出的风险表达式为"风险性＝概率×结果"，上述两种表达式将灾害发生的概率与灾害所造成的损失有机地联系起来，试图表达风险的不确定性本质和损失期望值，为进一步研究风险性、危险性与易损性的定量表达提供了新的思路。Nath等（1996）提出的风险表达式为"风险性＝概率×潜在损失"，Fell和Hartford（1997）以及Tobin和Montz（1997）提出的风险表达式为"风险性＝概率×易损性"，以上两种表达式的意义是相同的，将损失改为潜在损失（或期望损失）是一个较大的进步，表达式更为准确和科学。联合国人道主义事务协调厅于1991年提出了自然灾害风险的表达式，即"风险性＝危险性×易损性"（United Nations，1991），这一表达式较为全面地反映了风险的本质特征，危险性是灾害规模与发生概率的函数，反映了灾害的自然属性；易损性反映了承灾体的社会经济属性及自身抵御灾害的能力；而风险性则是灾害自然属性与承灾体自身、社会经济属性的结合，表达为危险性与易损性的乘积。这一评价模式已逐步得到了国内外研究学者的认同，如图1-1所示。在此基础上，相关学者针对泥石流风险评估，从野外调查分析、理论研究、室内模拟实验到泥石流防灾减灾工程都开展了大量的研究（刘希林和唐川，1995；刘希林等，2006；丁继新等，2006），本书也继续沿用这一评价模式，接下来将从危险性和易损性两方面进行阐述。

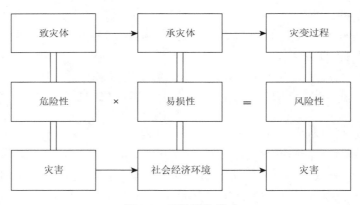

图1-1 风险评价模式

1. 泥石流灾害危险性评估

泥石流灾害危险性评估是指综合分析研究区域内可能引起泥石流灾害的影响因素，定量评估泥石流灾害的活跃水平和危害大小，从而推算出泥石流爆发的概率以及覆盖范围和规模。

泥石流灾害危险性评估是对泥石流灾害发生的可能性进行定量表达，并对受灾区域进行危险等级划分。在20世纪90年代，刘希林和唐川（1995）选取8个泥石流灾害影响因子（泥石流冲出总量、泥石流发生频率、流域内固体松散物质总量、泥石流最大颗粒粒径、泥石流最大密度、流域内24小时最大降水量、流域内相对高差以及流域总面积），对单沟泥石流灾害的危险性进行了评估。21世纪，唐垒庆（2012）选取了10个泥石流灾害影响因子开展泥石流灾害危险性评估，其中包含 2 个主要影响因子和 8 个次要影响因子，并基于灰色系统理论方法确定了各个影响因子的权重。Adachi 等（1977）对受灾区域的地质地貌条件、泥石流演进过程与形态、降雨强度这三方面的影响因子进行了研究，判定了泥石流灾害的危险程度。Roberds 和 Ho（1977）基于系统分析方法和统计法对香港地区滑坡、泥石流灾害的危险程度进行了评估。刘涌江等（2001）将神经网络引入泥石流灾害危险性评估当中，构建了基于神经网络的泥石流灾害危险性评估模型，并选用典型的实例进行训练和测试。褚洪斌等（2003）采用层次分析法对太行山区滑坡、泥石流、崩塌等灾害的影响因子权重进行了确定，并采用单位面积内泥石流灾害的综合性评估指数来表征泥石流灾害的危险性。Friedman 和 Santi（2013）通过对研究区域内影响泥石流灾害的降雨强度、土壤性质以及地形特征等因子进行分析，构建了回归模型，并对泥石流灾害的危险性进行了评估。郭万铭和焦金鱼（2010）利用模糊综合评判法对岷县洮河流域 21 条泥石流沟分别进行了危险性评估。上述这些泥石流灾害危险性评估方法都以自然区域或者以行政区域（市/县/乡）为基本评估单元，虽然能够快速地对泥石流灾害危险性进行评估，但是难以定量化表现空间的具体差异，并且评估结果过于依赖专家经验，只能简单地对泥石流沟进行风险性量化，同一条泥石流沟在不同时期爆发的泥石流可能会得到相同的危险性。

随着泥石流灾害模拟模型研究的不断成熟，基于数值模拟的泥石流灾害危险性评估方法能够得到实时泥深、实时流速、淤埋范围、最大泥深、最大流速和到达时间等灾情信息，可定量地进行泥石流灾害危险性评估，目前已经被广泛地应用。唐川等（1994）采用圣维南方程对研究区域泥石流灾害泥深空间分布进行了模拟，构建了泥石流灾害危险性评估数学模型。胡凯衡等（2003）利用流团模型对泥石流在堆积扇上的堆积运动过程进行了模拟，并采用最大动量对泥石流灾害危险区进行了划分。韦方强等（2003）将泥石流灾害数值模拟与 GIS 空间分析相结合，构建了泥石流灾害危险性动量分区模型，得到了泥石流在堆积扇上的流速和泥深的空间分布。Lin 等（2006）基于泥石流灾害数值模拟分别对中国台湾中部地区五十年一遇、百年一遇的泥石流灾害进行了定量评估分析，结果表明，离泥石流沟口越近的地方泥石流破坏性越强，离沟口越远的地方泥石流破坏性越弱。Chang（2007）基于神经网络构建了泥石流灾害定量风险评估分析模型，选用台北东部 171 个典型案例区域对构建的模型进行训练和测试，评估的准确性高达 99.12%。项良俊（2014）对肖家沟泥石流灾害进行了三维流场模拟，并结合 GIS 空间分析，以模拟计算结果为基础，对该流域遭受泥石流灾害破坏的情况进行了综合评估。基于数值模拟的泥石流危险性评估方法虽然以精细化格网为基本的评估单元，能够精确地进行泥石流灾害危险性分析，但是由于数值模拟计算涉及的参数繁多且复杂，难以在短时间内完成相关数据的收集与预处理，此外，泥石流灾害演进过程模拟速度较慢，并且需要将模拟结果放到专门的软件中进行分析，因此整体上需要较长的时间才能得出泥石流灾害危险性评估结果。

2. 泥石流灾害易损性评估

联合国国际减灾十年委员会在 1991 年提出的预防、减少、减轻灾害和环境保护纲要及目标中，把灾害评估作为要具体实现的三项目标中的第一项（罗元华等，1998），其中自然灾害易损性评估作为灾害评估中的重要一环逐渐引起了灾害学界的重视，由此推动了国际上对灾害易损性的研究。

泥石流灾害易损性评估是指对泥石流灾害发生后受灾区域内一切人、物、财等的潜在的最大损失进行综合评估。在基于经验知识的易损性评估研究方面，刘希林和莫多闻（2002）将泥石流灾害的易损性指标分为物质易损性指标、经济易损性指标、环境易损性指标和社会易损性指标，并且将各个评估指标进行了细化，构建了单沟泥石流灾害易损性评估模型，该模型当前广泛应用于泥石流灾害风险评估。Fuchs 等（2007）通过对特定区域的损失率和泥石流泥深进行研究，构建了泥石流灾害易损性函数，借助该函数可以对研究区域内承灾体的损失率和价值进行评估。Jakob 等（2012）通过对泥石流灾害模拟过程中得到的流速（v）、泥深（d）以及两者的不同乘积（v^2d、vd^2）进行分析，研究了这四个值与泥石流损失率之间的关系，最终决定采用 v^2d 来构建易损性函数。Luna 等（2014）采用 Jakob 等（2012）构建的泥石流灾害易损性函数，对研究区域中不同降雨频率下泥石流灾害造成建筑物损坏和人员伤亡的概率进行了评估分析。在基于数值模拟的泥石流灾害易损性评估研究方面，Zou 等（2016）以四川省七盘沟泥石流灾害为例，利用泥石流流团模型对泥石流灾害进行模拟计算，并基于数值模拟结果，综合考虑承灾体的单位价值、面积以及脆弱性指数，开展泥石流灾害易损性评估分析。曾超等（2012）基于泥石流灾害模拟计算结果，以实地调查获得的建筑物破坏样本为基础，构建了单沟和单初度建筑物易损性评估经验模型，实现了泥石流扇形地易损性区划。

综上所述，泥石流灾害风险评估研究已经取得了很多成果，但是仍存在一些不足。首先，现有的泥石流灾害风险评估技术手段相对落后，随着 3S 技术［即 GIS、RS（remote sensing，遥感）、GPS（global positioning system，全球定位系统）］的不断发展，利用遥感影像定量地提取泥石流灾害危险性评估因子值以及泥石流灾害易损性评估所需的居民地、道路、人口和经济指标等信息已经成为可能。其次，随着灾害风险评估向定量化、区域综合化以及管理空间化方向发展，现有的风险评估方法难以快速定量地表现灾害风险在空间上的具体差别，如何在较小空间格网尺度下对泥石流灾害进行精细化风险评估，快速地获取高分辨率且定量化的风险评估结果是泥石流防灾减灾工作的迫切需求。最后，现有泥石流风险评估方法多以定性和半定量为主，定量与定性相结合相对较少，难以满足复杂情景下泥石流灾害风险评估要求的精度和深度，在泥石流应急救灾中尚未充分发挥作用。因此，本书基于虚拟地理环境框架，在 GIS 和 RS 技术支撑下，以精细化空间格网为基本评估单元，将定性风险评估与定量风险评估相结合，开展泥石流灾害快速风险评估分析研究。

1.2.2　泥石流灾害数值模拟

众多国内外研究学者对泥石流形成条件、运动特征、动力学模型、模拟方法、参数敏感性、降雨触发传播机制、GIS 集成分析等进行了研究与探索，旨在更好地开展泥石流灾害演进过程模拟与分析（王光谦和倪晋仁，1994；管群等，2006；舒安平等，2010；杨雪和管群，2013；D'Aniello et al.，2015）。从物质组成和运动的观点来看，当前泥石流的模拟模型可分为连续介质模型、离散介质模型和混合介质模型。

1. 连续介质模型

连续介质模型一般是由明渠水流和颗粒流的运动模型发展而来的，假设泥石流体在空间中连续而无空隙地分布，则其宏观物理量（如速度、密度等）是空间和时间的连续函数，满足质量守恒定律、动量守恒定律和能量守恒定律。连续介质模型主要分为单流体和多流体模型，单流体和多流体模型都属于流体动力学模型。

针对泥石流灾害单流体模型而言，由于泥石流本身组成物质不同，泥石流运动的表达式自然也不同，主要分为五种运动模型，即宾汉模型、摩擦模型、碰撞模型、摩擦-碰撞模型以及粘碰模型（王丽和陈嘉陵，2004；王勇智，2008；张玉萍，2009）。

20 世纪 70 年代，Johnson 和 Rahn（1970）选用宾汉模型首次建立了泥石流运动方程，求解了泥石流最大流速。宾汉模型可解释观察到的一些泥石流现象，如泥石流"龙头"的巨砾聚集、大颗粒支撑结构和流体中存在的非变形"刚塞体（rigid plug）"现象等均可用宾汉模型得出较为合理的物理力学解释。英国基尔大学的 Derbyshire（1976）认为，虽然认识到泥石流的运动和堆积与宾汉变形有关，但仍然有许多泥石流现象不能由宾汉模型得到圆满解释，因此我们对泥石流运动机理的认识仍然不够。现在看来，尽管泥石流宾汉模型有许多不足，但它的提出标志着泥石流机理研究取得了重要进展，并一直影响至今。

1978 年日本泥石流学家 Takahashi 的研究表明，将泥石流当作宾汉流体并不完全正确，许多泥石流的特性可以用膨胀流来模拟，且泥石流"龙头"的巨砾聚集是由流体中颗粒的碰撞形成的。两年后这一观点基本成型，Takahashi（1980）借用英国科学家 Bagnold 于 1954 年提出的分散应力的概念，于 1980 年提出了泥石流拜格诺膨胀流模型，建立了泥石流运动方程，求解了泥石流平均速度和流体深度。这一模型提供了泥石流启动和堆积的临界条件，解释了流体中有时不存在非变形"刚塞体"现象的成因机理和流体紊动对流体阻力的影响，并针对泥石流大颗粒支撑结构和"逆向粒级"形成的物理力学机理给出了新的解释。现在看来，虽然泥石流拜格诺膨胀流模型仍有一定的局限性，但它标志着泥石流机理研究取得了又一重要进展，在国际上有较大影响，特别是在日本和我国台湾地区影响巨大。目前这些研究已经趋于成熟，研究成果也应用得较为广泛，但是仅适用于泥流或者固液两相速度差别较小的泥石流，若两相速度差别较大，模型计算结果将会出现很大的偏差（胡凯衡等，2012）。

鉴于单相连续介质模型存在的缺陷并随着泥石流研究的不断深入，泥石流多流体模型越来越受到重视。泥石流多流体模型分别建立固液两相流体运动力学方程，综合考虑了固相和液相泥石流之间的能量交换。20 世纪 90 年代，O'Brien 等（1993）将宾汉模型和泥石流拜格诺膨胀流模型相结合，构建了二维泥石流动力模型（FLO-2D），并采用有限元微分进行求解，计算出泥石流在运动过程中的流深和流速。王光谦等（1998a，1998b，1998c）用固液两相流模型来模拟阻力项，讨论了泥石流中液、固两相分界粒径的选取以及有关特征参数的计算问题,最后结合已有的应力-应变本构关系,建立了泥石流的流团模型,并选择案例区域对流团模型模拟结果进行了验证。Enright 等(2002)基于拉格朗日法提出了光滑粒子流体动力学(smoothed particle hydrodynamics,SPH)方法,其基本原理是将泥石流体当作一系列"粒子"的集合,基于径向内核函数,每个粒子将流体性质分配给周边的粒子。泥石流多流体模型相对于单流体模型更接近泥石流运动物理机制,但是多流体模型比单流体模型更加复杂,不但要对固液体运动机制进行研究,还需要给出固液两相体之间的相互作用力。通常需要通过简化假设来构建方程,并且模拟方程需要大量的数值计算。

2. 离散介质模型

离散介质模型则是将泥石流简化为由大量的具有一定大小的物质颗粒组成的体系,颗粒之间遵循一定的碰撞或摩擦规律,其宏观物理量是颗粒质量和速度分布等系数综合平均的结果。离散介质计算方法主要包括离散元法(discrete element method,DEM)和格子玻尔兹曼法(lattice boltzmann method,LBM)。

离散元法以代表真实颗粒物质的理想颗粒体为研究对象,从微观角度出发,通过定义颗粒间的相互作用来反映大量颗粒物质宏观的动力学特征。在离散元法中颗粒间的相互作用有接触作用和非接触作用两类。前者一般从颗粒间接触处的法向和切向来定义力学特征,如线性弹簧-黏壶模型和 HertzMindin 模型等接触模型;后者体现的是不通过颗粒间的直接接触传递的作用,对于岩土问题主要表现为孔隙压力,在细颗粒含量较高且有孔隙水的情况下需要考虑。离散元法适用于对颗粒物质的动力学机理的研究,适合分析浆体黏性小的水石流和稀性泥石流。由于离散元法涉及颗粒间复杂接触关系的实时确定、更新和存储等一系列大数据量计算,因此计算成本相比连续介质计算方法会增加很多,在大尺度的泥石流问题中应用得较少。另外,微观粒子间的接触本构模型参数与宏观物质整体的动力学特征参数之间的对应关系复杂。综上,尽管这种微观、宏观间的转换最近已经取得了一定进展,但仍有待进一步深入研究。

格子玻尔兹曼法是一种将离散粒子与欧拉网格相结合的计算方法,通过求解带碰撞项的离散玻尔兹曼方程来模拟流体的流动。该方法将概率密度函数作为唯一依赖的变量,这里的概率为在某一时刻且在一定范围内发现速度满足指定值的粒子的概率。该方法适合处理考虑大颗粒与流体相互作用时的多相、复杂边界、自由表面流问题,易实现并行计算。近年来,随着热动力学理论和湍流理论研究的发展,传统的玻尔兹曼方程被扩展到湍流和颗粒流的研究中(Chen et al.,1992,2003),为泥石流的理论和数值研究提供了一种不同于传统 NS(Navier-Stokes)方程的方法。目前,格子玻尔兹曼理论和方法已成功应用到泥沙推移与悬浮、液固碰撞和多孔介质渗流等复杂的流动问题中。王沁等(2002)以及王沁等(2005)引入了依赖于宏观密度和宏观流速梯度的平衡分布函数,从而建立了一个特殊的 LBM,该方法恰好具有非牛顿流体的特性,且满足宾汉流体的本构关系,被用于泥石流汇入主河的模拟计算中。傅旭东等(2009)将该方法引入低浓度的固液两相流,用修正的 BGK(Bhatnagar-Gross-Krook)模型模拟粒间非弹性碰撞效应,用 Fokker-Planck 扩散算子描述湍流-颗粒作用,建立了考虑非弹性碰撞的低浓度固液两相流动理学模型，然后运用 Chapman-Enskog 迭代法获得了动理学方程的二阶近似解，建立了颗粒相脉动应力和脉动能传导通量的显式本构关系。

此外，许多研究学者将元胞自动机（cellular automata，CA）模型也引入泥石流灾害的数值模拟当中，构建了基于 CA 的离散动力模型。D'Ambrosio 等（2002，2007）选择特定泥石流灾害区域，将 CA 与数值模拟相结合，研发出了泥石流灾害数值模拟系统。D'Ambrosio 等（2006）、D'Ambrosio 和 Spataro（2007）基于并行计算方法对泥石流灾害数值模型进行了优化。钟斌青（2012）将元胞自动机模型应用于泥石流灾害仿真模型的构建，并将其与 GIS 进行集成，实现了泥石流灾害的预测与预警。陈宁（2012）基于元胞自动机模型模拟不同情境下的临界雨量，评估了降雨引发泥石流灾害的可能性。然而，目前这些模型缺乏对泥石流固态和液态之间湍流脉动关系的描述，导致模拟结果与实际泥石流状况之间仍有很大偏差。

3. 混合介质模型

混合介质模型对泥石流固液相运动分别采用连续介质模型和离散介质模型来描述，通常情况下，液相泥石流是由在指定阈值尺寸以下的固体颗粒和水构成的，可被视为连续的介质，固相泥石流是由在指定阈值尺寸之上的固体颗粒构成的，应被视为离散的。这类模型相对于泥石流单流体模型、多流体模型及离散介质模型来说更能反映泥石流的物理机制，但是其面临的计算问题也更加复杂，当前研究正处于起步阶段（胡凯衡等，2012；乔成等，2016）。

针对上述各泥石流数值模拟模型存在的问题，迄今为止，还没有一个通用的、能够反映泥石流物理机制和运动过程的数值模型（胡凯衡等，2012）。相较于其他泥石流灾害模拟模型，流团模型目前已经被广泛应用于溃坝洪水、滑坡灾害等的数值模拟计算中，它能够计算复杂地形中泥石流在堆积扇上的泥深和速度分布，判定泥石流灾害的危险程度和受灾情况，其初始条件、约束边界和特征参数的确定等也得到了进一步的完善和优化（邵颂东等，1997a，1997b）。为了便于用计算机模拟实现泥石流流团，胡凯衡等（2003）将流团模型算法进行了有效简化，并采用 O'Brien 等提出的摩擦阻力形式，利用有限节点对流团模型进行了离散化处理。流团模型不仅简便、易编程实现，而且有效地避免了传统的有限差分方法在计算运动过程方程中遇到的问题，如随时间推移而改变的流体运动边界、非常小的泥深将导致非常快的运动速度等。

1.2.3 虚拟三维场景建模

三维虚拟空间的有效感知为智慧城市的发展注入了活力，大范围、具真实感、高精度和高清晰度的三维场景是未来 GIS 的重要发展趋势（Döllner and Kyprianidis，2009；朱庆，2014；Nebiker et al.，2015）。场景建模是构建虚拟三维空间时必不可少的一步，其充分利用计算机图形学和图像处理等技术，将现实世界中的物理对象在计算机中进行还原（唐泽圣，1999；李成名等，2008）。根据建模自动化程度的不同，三维建模方法可分为手工建模方法与自动建模方法两种。其中，自动建模方法主要分为两种：基于规则的参数化自动建模方法和基于模型组合的自动建模方法。下面从手工建模方法、基于规则的参数化自动建模方法、基元模型组合建模方法和灾害三维场景建模方法等方面论述国内外相关研究现状。

1. 手工建模方法

传统手工建模方法通常是指利用 3D Studio Max、Maya、SketchUp 等专业三维建模软件，通过几何建模、纹理映射和光照设置等步骤生成虚拟三维场景（Wang et al.，2014）。3D Studio Max 是目前全世界销量最大、应用范围最广的商用三维建模软件，其具有上手容易、材质库丰富和建模效果精细程度高等优点。Maya 同样是一款世界顶级的三维建模软件，其更加侧重于渲染的真实感，所以在影视广告、角色动画和电影特效等领域颇受青睐。与前面两款建模软件相比，SketchUp 的主要特点是操作更加简单，人人都可以快速上手，并且是一套直接面向设计方案创作过程的工具，此外还有 Rhino、Blender 和 FormZ 等一系列建模软件。手工建模所构建的场景具有精细、逼真度高和美观等优点，高度还原和美观的场景能够积极促进人的心理映射，其主要应用于娱乐游戏、虚拟训练和城市规划等领域（Bruner and Rizzetto，2008）。

尽管手工建模方法具有诸多优点，但这种建模方法固化、建模效率低下、耗时耗力，场景一旦完成便难以根据实时的建模需求进行灵活调整。而灾害发生具有突发性和地点不确定等特点，这种预先对虚拟场景进行手动建模的方法难以满足泥石流灾害场景实时交互展示与分析的需求。

2. 基于规则的参数化自动建模方法

基于规则的参数化自动建模方法依据计算机图形学原理，通过采用一系列规则和参数，自动生成三维模型，自动进行纹理映射（Sheffer et al.，2006；Becker，2009）。其做法主要是将建筑构件的几何特征用参数的形式加以描述，通过对参数解析进行模型表面几何信息的自动生成和纹理的自动映射，从而进行自动建模。参数化自动建模方法主要集中用于机械制造、城市规划与地理信息领域。

在机械制造领域，基于规则的参数化自动建模方法主要通过分析机械零部件几何体的基本元素以及元素之间的相互关系，确定模型主要特征和辅助特征，实现模型的自动化构建。丁国富等（2002a，2003，2006）通过对铁路机车车辆进行参数化表达，对轨道建筑进行建模，研发了 TPLTrain 系统，通过在虚拟环境中对制造装备进行三维建模，模拟多辆车在轨道上运行的动力学可视化仿真效果，从而实现车辆与轨道之间的耦合仿真。然而，由于缺乏真实的地理空间信息，机械制造领域的参数化自动建模方法主要局限于子系统的耦合仿真方面（丁国富等，2002b；Guan et al.，2013）。

在城市规划领域，由 ESRI 研发的参数化建模软件 CityEngine 是面向三维城市建模的软件。该软件以二维设计数据为基础，支持用户自定义一系列几何和纹理映射建模规则和规则的外部存储，能够实现大范围城市场景的自动生成以及建模规则的有效重用，从而提升了建模效率（Singh et al.，2014；Kim and Wilson，2015）。

在地理信息领域，基于规则的参数化自动建模方法主要应用于铁路和公路线路设计，通过线路设计参数、隧道和桥梁模型参数自动生成带状线路三维场景（王华等，2013）。在工程项目设计初期，建筑部件设施随时有可能根据项目进展而发生改变。因此，可以对建筑部件的几何特征与组合特性进行剖析，通过对几何参数的设计以及对拓扑结构的抽象与表达，确定模型的位置、朝向、纹理、特征操作和组合约束等，以支持参数与三维模型的同步联动，实现模型与场景的动态更新（Brédif et al.，2007；Chevrier and Perrin，2009；汤圣君等，2014）。

基于规则的参数化自动建模方法采用规则对三维模型的几何、纹理和拓扑信息等进行描述，有助于建模知识与建模操作的灵活配置和有效存储，便于建模知识的重用。然而，这种方法仅适用于用少数参数就可描述的简单几何模型，难以生成复杂的模型。虽然这种建模方法能够根据参数信息自动生成建筑物的表面模型，但却很难生成大范围、高精度、多细节层次的几何体。总而言之，基于规则的参数化自动建模方法在一定程度上提升了三维虚拟场景的建模效率，但该方法的建模过程需要专业性极强的知识，仅适用于规模较小和几何特征明显的对象，难以适用于复杂的灾害时空过程建模。

3. 基元模型组合建模方法

基元模型组合建模方法将物理场景中的各个对象从概念层次上抽象成基元（这些基元模型可以预先构建），然后通过基元关系这一高层语义引导场景合成，主要应用于工业设计、城市规划和铁路设计等领域（Bai et al.，2010；Gonzalez-Badillo et al.，2014）。在工程装配式施工中，可以预先在工厂制作建筑部件，再在现场进行预制件的组合与装配。由于预制部件的方法可借鉴至基元模型的预先构建中，而预制件的现场装配方式则可借鉴至基元模型的匹配与组合中，因此，基元模型组合建模方法逐渐被应用到建筑施工领域的三维重建（熊汉江等，2001；Løvset et al.，2013；吴晨等，2014）。同时，因可预先对建筑设施进行建模，并获取精细的几何结构和材质信息以及复杂实体的内部结构特征，该方法也被广泛应用于城市规划领域（李德仁等，2000，2003；朱庆等，2001；Zhu et al.，2002，2009；Zhang et al.，2004）。

基元模型组合建模方法通过对模型进行定位、定姿，将模型动态加入三维场景，因此能够根据模型种类的不同进行灵活扩展。但是，这种建模方法将建模知识与场景生成机制紧密耦合，没有将知识进行有效的存储、组织和管理，导致建模知识固化，不能实现知识的灵活配置与有效重用。因此，在采用基元模型组合建模方法基础上，还需引入建模知识重用的相关机制和方法，以适应虚拟三维场景的自动构建。目前，已有部分研究在三维建模的过程中加入知识的引导，如根据序列影像进行线段提取（Zlatanova and Van Den Heuvel，2002）并生成三维建筑物（Süveg，2003），根据点云数据进行对象检测（Truong et al.，2010）与三维重建（Son et al.，2013）等。然而，这些研究大多是根据摄影测量所获得的数据生成单体模型，缺乏生成三维场景的知识引导方法。部分研究将多类型场景中的对象、拓扑、规则和约束抽取为先验知识，以引导三维建模，这些知识能够有效适用于多类型人工目标的三维建模，如针对不同类型的房屋（Pu and Vosselman，2009；Tian et al.，2010）、既有的工厂设施（Son et al.，2013）等进行建模。然而，由于这些方法没有对建模知识进行进一步的抽象，因此建模知识只适用于特定的数据源与特定类型的模型，不能重用到模型种类、数量和装配方式不同的场景中。

将知识进行模板化可以在处理相似任务时省去重复的工作，从而有利于知识的重用。基于模板的工程对象三维场景构建一般包括单体元素的设计和按照特定规则进行虚拟装配布局两个部分，其将工程对象的几何外形抽象为可参数化描述的模型图模板，从而将工程对象之间的三维拓扑关系、连接方式和定位关系抽象为拓扑结构模板。通过对模型图模板进行解析，可生成模型的几何信息；通过对拓扑结构模板进行解析，可实现对三维模型之间拓扑连接关系的引导和约束，从而生成三维场景（刘静华和王雷，2009；Gloudemans and McDonald，2010；Kim and Wilson，2015）。

4. 灾害三维场景建模方法

灾害三维场景通常包含基础地理信息、灾害过程信息及灾后损失信息三部分（李维炼等，2018）。

建立一个多维感知的基础地理场景是进行灾害时空过程展示和灾情信息评估的前提，基础地理场景通常指三维虚拟地形场景，目前地形建模大多采用数字高程模型（DEM）生成。DEM 数据由在地形图上采样所得的高程值构成，是对地形地貌进行数字建模的结果，与在飞机或卫星上所拍摄到的遥感纹理图像数据相对应，这些纹理图像在重构地形表面时被映射到相应的部位，通过计算机图形图像处理技术可实现真实感三维地形建模，而地理场景建模的精度主要取决于地形数据和相对应的遥感影像数据的精度（Bai et al.，2015；Subarno et al.，2016；Chen et al.，2018）。

灾害类型不同，灾害过程建模方式也不同，例如，地震影响烈度反映了地震动强度空间分布，地震过程建模通常根据烈度衰减关系模型形成不同的椭圆面，从而表征不同强度作用下地震的影响范围（孙继浩和帅向华，2011）；洪水灾害包括城市内涝和山洪，城市内涝模型一般采用多边形作为底面，将虚拟地形场景作为基准，根据洪水水位变化进行多边形面高度的拉升（祝红英等，2009；Evans et al.，2014），而山洪、泥石流和滑坡类似，其运动学过程和物理特征相当复杂，通常采用专业的地学模型和水力学模型模拟其复杂的时空变化过程，得到其每个时刻的状态，然后在地理场景下对灾害过程进行建模表达（黎夏等，2009；Dottori and Todini，2010；闾国年，2011；杜志强和李静，2017）。

灾后损失信息主要包括人员伤亡情况、房屋和道路损毁情况、基础设施和公共服务设施损毁情况等（史培军和袁艺，2014）。灾后损失信息一般采用图表形式集成到三维场景中，同时考虑到灾害应急的时效性，以及难以在短时间内形成精细化的房屋和道路模型，所以通常的做法是基于高分辨率遥感影像手动或自动提取损失边界并将其融合到三维地理场景中（Li et al.，2019）。不过，需要注意的是，虽然无人机倾斜摄影测量技术的快速发展弥补了传统航空摄影的缺陷，能够全方位、多角度、立体化地反映地物真实情况，被广泛应用于灾害调查、监测和应急等方面（周杰，2016；张昀昊等，2017；肖英等，2019），但无人机倾斜摄影是对地表静态物体进行反映，难以表达灾害时空过程及其演变态势。

1.2.4　灾害信息可视化表达

可视化是指将某个原本不可见的事物通过可视元素转换成符合人类感知的图像，其强调数据的直观表示，以使人们快速理解数据所表达的现象的本质，从而提高人们感知、认识、理解、适应和改造客观世界的效率（唐泽圣，1999；Hansen and Johnson，2011；Ward et al.，2015）。可视化并不只是一个简单的渲染任务，可认知性和可用性也应该被重点考虑，科学、有效、合理的可视化能够提高信息表达的有效性与信息的可读性（Fox and Hendler，2011）。可视化方式对开发、效率、认知和可用性等有着极其重要的影响（Bodum，2005；朱庆和付萧，2017）。可视化表达具有连续性，按对现实世界的抽象程度划分，则可分为非真实感和真实感表达，在真实感与抽象表达之间有多种可视化表达方式，但往往需要考虑应用需求及技术限制，从而选择合适的可视化表达方式（MacEachren，2004；Bodum，2005）。

灾情信息可视化通过将复杂且难以直接感知的物体对象进行抽象，可以有效地表达灾害对象的形态特征与属性信息的变化，直观且形象地表现灾害的影响程度和发展趋势（汪汇兵等，2013），更好地帮助用户获得知识、发现规律（高俊，2000；龚建华等，2002）。可视化展示可以从空间维度与可视化表达方法两方面来进行。国内外学者经过对可视化方法的不断深入研究，取得了诸多研究成果（帅向华等，2004；李建成等，2009；龚磊和张鹏程，2015）。

摄影测量和遥感技术的飞速发展使得高分辨率和高度精细的三维数字城市模型的可用性不断提高，照片级别的真实感渲染方式被广泛应用于城市规划、旅游景点选址和飞行模拟等方面，其要求场景对象高度还原，极大地丰富了视觉内容，可以积极促进人的心理映射（Döllner and Kyprianidis，2009）。然而，真实感表达存在以下问题：①场景的高度真实感还原对计算机软硬件性能要求高，渲染时间长；②过度真实的对象会产生视觉噪声并使信息过载，导致用户面临高度的信息处理压力；③真实感表达缺乏足够的细节（Bunch and Lloyd，2006；Jahnke et al.，2008；Döllner and Kyprianidis，2009；Peters et al.，2017）。

非真实感表达是三维计算机图形学中的新类型，通过艺术、简化和夸张手段等对信息进行增强、聚焦和突出显示等，是一种呈现和传递视觉信息的新方法（Döllner and Buchholz，2005；Li et al.，2019）。与真实感表达相比，非真实感表达降低了场景对象的真实感程度，但仍保留了一些基本的特性，增强了场景对象的语义信息，使得用户能够直观快速地识别场景对象（Gooch and Gooch，2001）。符号表达是众所周知的一种非真实感表达，其侧重于基于颜色、运动、方向和尺寸等视觉变量的表达，通过设计符号、添加注记或具有特定解释意义的符号吸引用户注意，进而快速引导用户关注感兴趣区域。但是较真实感表达，符号表达难以促进人的心理映射，并且单一符号可视化无法全面地从宏观层面展示场景信息（Bandrova，2001；Meyer et al.，2012；Auer et al.，2014）。事实上，在对现实世界进行抽象表达时，正确的可视化表达模式并不唯一，往往不同可视化模式组合能够产生令人惊喜的效果。

从空间维度来讲，灾害信息可视化方式主要包括零维非空间信息展示方式、二维灾害地图和三维灾害场景（刘浩等，2011）。灾害信息除了包括空间数据以外，还包括受灾人口、财产损失和房屋倒塌数等非空间信息。

零维非空间信息展示方式主要是将灾害区域的文本、图片和视频信息等存储至数据库中并绑定相应的空间位置，根据空间位置灵活展示属性信息，或者将非空间信息经过时空位置转换、空间化等标准化处理后与空间信息进行叠加显示（陈晴，2015）。苏桂武等（2003）通过对零维文本信息的分析，提出了地震灾情信息分类标准；刘浩等（2012）通过对灾情信息动态标绘技术的研究，实现了在地震灾害场景中重要点位信息的实时标绘与更新。

二维灾害地图是多个学科交叉融合的产物，通常由专业制图人员编制，是帮助人们理解灾害风险和提升减灾意识的有效工具，主要应用于洪水、泥石流和地震等灾害（Burningham et al.，2008；Hagemeier-Klose and Wagner，2009）。杨延（2010）分析了二维地震数据的存储结构，将二维地震灾害数据映射到绘图设备上，实现了地震灾害信息的二维可视化。为了提升灾害地图信息的传播效率，不少学者提出了用户参与式灾害地图制图方法，充分利用小组讨论的方式让用户参与整个制图过程，并根据用户的意见修改灾害地图内容后再反馈给用户，能够很好地使信息由单向流通变成双向流通（White et al.，2010；Gaillard and Pangilinan，2010；Cadag and Gaillard，2012）。然而，毕竟地图承载信息的能力有限，一张灾害地图难以展示灾害全过程信息并且容易导致信息过载。此外，用户往往倾向于利用显著性感知来提取关键信息，闪烁、跳跃和变化的现象比静止现象对用户更具视角吸引力（Fabrikant and Goldsberry，2005），而灾害地图一般采用二维灾害符号静态展示，缺乏动态表达和增强可视化的能力，难以从真正意义上提升用户对灾害的认知。

与二维灾害地图相比，具有高度真实感的三维灾害场景可以提升灾害数据的可解释性（Qiu et al.，2017），三维灾害场景突破了二维灾害地图对空间表示方式的束缚，为理解和分析现实世界提供了更加直观的手段，并逐渐趋向对现实世界进行增强表达和延伸（朱庆，2004，2011），所以一些学者试图研究通过三维可视化的方式来提升灾情信息的传递效率（Zlatanova and Fabbri，2009）。例如，Macchione 等（2019）将基于二维水力模型模拟洪水淹没的结果在三维场景中进行动态显示，加强了风险沟通的效率；Yin 等（2017）以虚拟地理环境为基本框架，整合了泥石流灾害模拟信息并实现了网络共享；Zhang 等（2019）针对不同用户的差异化背景，实现了泥石流灾害三维场景的自适应构建；Evans 等（2014）通过对洪水的三维模拟与可视化表达，提升了居民的洪水灾害风险意识；项良俊（2014）对肖家沟泥石流进行了三维动态模拟，并结合 GIS 空间分析功能，对泥石流灾情信息进行了综合显示。然而，上述这些研究仅在场景表达方面对灾害现象的某些属性特征进行了描述，缺乏对灾害事件具体结构和相互关系的清晰表达，注重可视化效果，忽视了对场景对象语义以及对象之间关联语义的表达，导致灾情信息可读性差，用户难以理解和认知（Dransch et al.，2010）。

从表达方法来看，灾害信息可视化表达方法主要可分为基于颜色、符号、尺寸等视觉变量以及发展趋势的表达方法（艾廷华，1998；Coors，2002；胡最和闫浩文，2008）。

Wolff 和 Asche（2009）采用不同颜色对德国科隆地区的犯罪人数信息进行可视化绘图展示，以此分析了科隆地区的社会治安情况。Pfund（2001）构建了三维真实城市模型，并用不同色调和透明度来表示场景中的重点信息。毕玉玲（2014）通过对符号设计原则、符号分类、符号构建等方面的研究，构建了符号分类综合管理系统。刘东海等（2005）基于粒子系统的泄流运动，根据指向性符号表达方法，对泄流运动的发展趋势进行了论述。但这些研究仅采用了单一要素的可视化表达方法，难以有效地展示灾害场景中的重要信息。通过将颜色、尺寸、形状等与三维场景结合来展示空间信息，有利于更好地适应未来空间信息可视化服务的需求。

灾害信息实现可视化表达是认识和分析灾害的前提（刘浩等，2012）。灾害应急响应要求实时或近实时，但响应时间短、高精度的数据难以获取，所以在灾情信息可视化表达过程中，丰富的语义信息往往比真实感更加重要，并且用户并不追求灾害场景的逼真体验，反而更加关注场景对象所传递的灾情信息（Li et al.，2019）。因此，通过示意性灾害符号与真实感场景协同，以及多样化符号变量的组合，对灾害信息进行适宜表达，能够揭示更多的灾害对象语义信息，进而显著提升灾情信息可视化效果和传递效率。

1.3　本书研究特色与创新

针对现有泥石流灾害时空过程模拟与可视化分析研究中存在的模拟计算效率低、风险评估能力弱、可视化效果差以及灾害知识认知难等问题，本书研究了泥石流灾害快速风险评估、模拟并行优化、场景动态融合建模与增强可视化表达等方法，主要创新点表现在以下几个方面。

（1）提出了基于精细化格网的泥石流灾害快速风险评估方法。首先选择适宜格网尺度，将土地利用、人口以及社会经济数据等进行精细化格网划分，其次基于层次分析法构建风险性评估函数，利用无人机影像、历史资料、野外调查结果等获取泥石流灾害风险评估因子值，最后快速地开展泥石流灾害整体性风险评估并进行灾害风险等级划分，进而对受灾区域的人口、道路、居民地等风险对象进行精细空间量化评估。

（2）研究了基于多格网尺度的泥石流灾害模拟并行优化方法。首先选择几种典型格网尺度数据，基于 OpenMP 计算框架开展泥石流灾害演进过程模拟，其次选择淤埋面积、最大流速和最大泥深等几个因子进行尺度敏感性分析，并基于 Kappa 系数对不同格网尺度下的泥石流灾害数值模拟计算结果的准确性进行评价，最后在准确性和效率之间进行均衡，得到泥石流灾害模拟计算中格网尺度的适宜范围。

（3）实现了空间语义约束的泥石流灾害场景动态融合建模技术。本书分析了泥石流灾害场景对象特征及复杂的空间关系，提炼出空间方位、属性类别和空间拓扑等多层次语义约束规则，同时结合定位、旋转、平移、缩放、贴合以及删除等操作来限制和引导场景对象组合和匹配，解决了泥石流灾害场景对象相互之间如何无缝融合建模的难题。

（4）提出了顾及用户感知显著性的泥石流灾害场景增强表达方法。有证据表明，用户往往倾向于利用显著性感知来提取信息，本书分析了泥石流灾害场景数据类型和可视化方法，建立了示意性符号与真实感场景表达协同模型，同时提出了多样化视觉变量联合的增强表达方法，动态揭示了泥石流灾害对象的时空变化规律，系统性地提升了泥石流灾害信息的传递能力和不同用户对灾情的感知与认知水平。

1.4 本书组织结构

本书的组织结构如图 1-2 所示，详细章节安排阐述如下。

第 1 章为绪论。首先详细介绍本书的研究背景及研究意义；然后深入地分析泥石流灾害风险评估、泥石流灾害数值模拟、虚拟三维场景建模以及灾害信息可视化表达等的国内外研究现状，在此基础上，总结提炼本书的研究特色与创新点；最后介绍本书的组织结构。

第 2 章为基于精细化格网的泥石流灾害快速风险评估。首先详细地介绍泥石流灾害风险评估的定义、基本思路以及相关要素；然后讨论不同风险评估要素的空间格网化方法，并对格网尺度适宜性选择进行分析；最后详细地介绍基于精细化格网的泥石流灾害快速风险评估方法，包括泥石流灾害整体性风险评估以及泥石流灾害精细化风险评估。

第 3 章为基于多格网尺度的泥石流灾害模拟并行优化。首先详细地介绍泥石流运动方程、特征参数的确定方法、数值模型运行的初始条件和约束条件，在此基础上，设计面向对象的泥石流灾害演进过程模拟算法；然后设计泥石流模拟计算参数可视化界面，并对溃口参数以及粗糙度系数计算方法进行详细介绍；最后选择不同尺度格网数据，基于 OpenMP 多核计算对泥石流灾害演进过程模拟计算进行并行优化。

第 4 章为泥石流灾害虚拟地理场景建模。首先总结地理场景建模工具并介绍地理场景建模的基本流程与方法；其次从地形场景、地物场景和灾害过程三个方面详细介绍泥石流灾害虚拟场景建模方法；最后给出泥石流灾害场景融合建模流程，通过设计空间方位、属性类别和空间拓扑等多层次空间语义约束规则，利用场景对象组织与操作、地形与地物融合处理等手段实现泥石流场景对象之间的无缝融合建模。

第 5 章为泥石流灾害过程可视化与增强表达。首先概述视觉变量、数据可视化和适宜性表达等相关概念和技术；其次阐述泥石流可视化场景体系、数据流和动态可视化方法，并在此基础上进一步提出示意性符号与真实感场景协同可视化方法；最后详细介绍多样化视觉变量联合的场景对象语义增强和泥石流灾害全过程动态增强可视化方法。

第 6 章为泥石流灾害演进模拟与可视化分析服务。首先概述 WebGL、WebGL 三维引擎和网络数据传输技术等；其次提出泥石流灾害演进模拟与可视化分析服务的总体框架；然后在服务器端进行算法优化，以减轻客户端的渲染压力；最后针对不同的用户终端进行泥石流演进模拟与可视化分析。

第 7 章为原型系统研发与案例应用。选择四川省汶川县七盘沟和水磨镇两处典型泥石流灾害区域作为案例，进一步从泥石流灾害风险评估、过程模拟与并行优化、三维场景建模与可视化分析等方面开展案例应用分析。

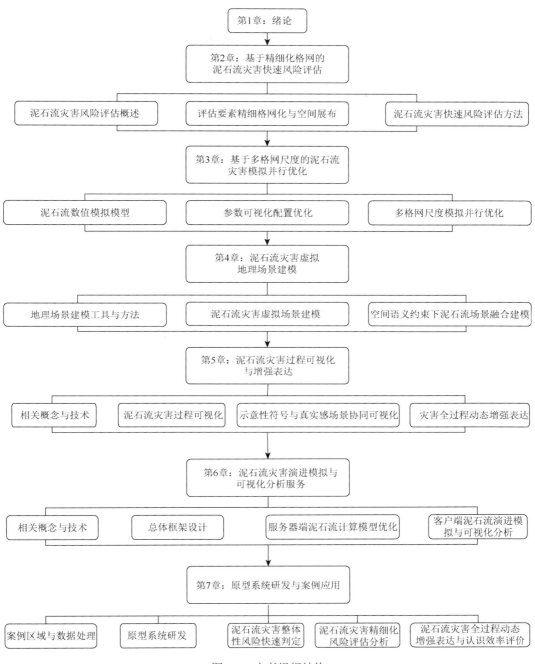

图 1-2 本书组织结构

参 考 文 献

艾廷华, 1998. 动态符号与动态地图[J]. 武汉测绘科技大学学报, 23（1）: 47-51.

毕玉玲, 2014. 三维地理信息符号化表达方法的研究及试验[D]. 北京: 中国测绘科学研究院.

陈宁, 2012. 泥石流发生降雨条件模拟研究: 以岷江流域映秀段地区为例[D]. 成都: 成都理工大学.

陈晴, 2015. 面向海岸带区域防灾减灾决策的统计信息空间化研究[D]. 烟台: 中国科学院烟台海岸带研究所.

褚洪斌, 母海东, 王金哲, 2003. 层次分析法在太行山区地质灾害危险性分区中的应用[J]. 中国地质灾害与防治学报, 14 (3): 125-129.

崔鹏, 付旭东, 刘兴年, 2013. 中国西部特大山洪泥石流灾害形成机理与风险分析[C]//中国地理学会 2013 年学术年会 (山地环境与生态文明建设•西南片区会议论文集).

丁国富, 伯兴, 高照学, 2003. 虚拟制造环境中制造装备的三维建模及动作模拟[J]. 计算机仿真, 20 (11): 85-87.

丁国富, 翟婉明, 王开云, 2002a. 机车车辆在轨道上运行的动力学可视仿真[J]. 铁道学报, 24 (3): 14-17.

丁国富, 翟婉明, 张治, 等, 2002b. 车辆-轨道耦合系统中基于变参数的三维图形仿真研究[J]. 计算机辅助设计与图形学学报, 14 (2): 115-119.

丁国富, 邹益胜, 张卫华, 等, 2006. 基于虚拟原型的机械多体系统建模可视化[J]. 计算机辅助设计与图形学学报, 18 (6): 793-799.

丁继新, 杨志法, 尚彦军, 等, 2006. 区域泥石流灾害的定量风险分析[J]. 岩土力学, 27 (7): 1071-1076.

杜志强, 李静, 2017. 基于粒子系统的滑坡灾害过程模拟仿真方法[J]. 地理信息世界, 24 (2): 46-50.

傅旭东, 孙其诚, 王光谦, 等, 2009. 考虑非弹性碰撞的低浓度固液两相流动理学模型[J]. 科学通报, 54 (11): 1511-1517.

高俊, 2000. 地理空间数据的可视化[J]. 测绘工程, 9 (3): 1-7.

龚建华, 林珲, 张健挺, 2002. 面向地学过程的计算可视化研究: 以洪水演进模拟为例[J]. 地理学报, 57 (7s): 37-43.

龚磊, 张鹏程, 2015. 基于 GIS 的地震小区划系统设计与实现[J]. 地理空间信息, 13 (6): 14, 111-112, 117.

管群, 韦方强, 胡凯衡, 2006. 基于实时数值模拟的泥石流危险性分区系统研究[J]. 计算机应用研究, 12 (1): 54-55.

郭万铭, 焦金鱼, 2010. 基于模糊综合评判法分析的岷县洮河流域单沟泥石流危险性评价[J]. 地质灾害与环境保护, 21 (2): 15-18, 36.

胡凯衡, 韦方强, 何易平, 等, 2003. 流团模型在泥石流危险度分区中的应用[J]. 山地学报, 21 (6): 726-730.

胡凯衡, 崔鹏, 田密, 等, 2012. 泥石流动力学模型和数值模拟研究综述[J]. 水利学报, 43 (S2): 79-84.

胡最, 闫浩文, 2008. 地图符号的语言学机制及其应用研究[J]. 地理与地理信息科学, 24 (1): 17-20.

黎夏, 刘小平, 何晋强, 等, 2009. 基于耦合的地理模拟优化系统[J]. 地理学报, 64 (8): 1009-1018.

李成名, 王继周, 马照亭, 2008. 数字城市三维地理空间框架原理与方法[M]. 北京: 科学出版社.

李德仁, 刘强, 朱庆, 2003. 数码城市 GIS 中建筑物室外与室内三维一体化表示与漫游[J]. 武汉大学学报 (信息科学版), 28 (3): 253-258.

李德仁, 朱庆, 李霞飞, 2000. 数码城市: 概念、技术支撑和典型应用[J]. 武汉测绘科技大学学报, 25 (4): 283-288, 311.

李建成, 郭建文, 盖迎春, 等, 2009. 基于 ArcEngine 的三维 GIS 的设计与实现[J]. 遥感技术与应用, 24 (3): 395-398.

李维炼, 朱军, 胡亚, 等, 2018. 面向多用户类型的泥石流应急灾害信息特征可视化方法[J]. 灾害学, 33 (2): 231-234.

林珲, 朱庆, 2005. 虚拟地理环境的地理学语言特征[J]. 遥感学报, 9 (2): 158-165.

林珲, 朱庆, 陈旻, 2018. 有无相生 虚实互济: 虚拟地理环境研究 20 周年综述[J]. 测绘学报, 47 (8): 1027-1030.

刘东海, 崔广涛, 钟登华, 等, 2005. 泄洪雾化的粒子系统模拟及三维可视化[J]. 水利学报, 36 (10): 1194-1198, 1203.

刘浩, 关艳玲, 赵文吉, 等, 2011. 三维减灾系统中灾情数据管理与灾情信息集成显示技术研究[J]. 测绘科学, 36 (1): 87-89.

刘浩, 段莉琼, 曹巍, 等, 2012. GIS 系统中灾情信息动态可视化研究[J]. 自然灾害学报, 21 (6): 19-24.

刘静华, 王雷, 2009. 基于模板数据库的工程 CAD 拓扑建模方法[J]. 北京航空航天大学学报, 35 (2): 193-196.

刘希林, 2000. 区域泥石流风险评价研究[J]. 自然灾害学报, 9 (1): 54-61.

刘希林, 2001. 泥石流风险及其评价研究[D]. 北京: 北京大学.

刘希林, 唐川, 1995. 泥石流危险性评价[M]. 北京: 科学出版社.

刘希林, 莫多闻, 2002. 泥石流风险及沟谷泥石流风险度评价[J]. 工程地质学报, 10 (3): 266-273.

刘希林, 赵源, 李秀珍, 等, 2006. 四川德昌县典型泥石流灾害风险评价[J]. 自然灾害学报, 15 (1): 11-16.

刘涌江, 胡厚田, 白志勇, 2001. 泥石流危险度评价的神经网络法[J]. 地质与勘探, 37 (2): 84-87.

罗元华, 张梁, 张业成, 1998. 地质灾害风险评估方法[M]. 北京: 地质出版社.

闾国年, 2011. 地理分析导向的虚拟地理环境: 框架、结构与功能[J]. 中国科学: 地球科学, 41 (4): 549-561.

乔成, 欧国强, 潘华利, 等, 2016. 泥石流数值模拟方法研究进展[J]. 地球科学与环境学报, 38 (1): 134-142.

邵颂东, 王光谦, 费祥俊, 1997a. 流团模型在洪水计算中的应用[J]. 水动力学研究与进展 (A 辑) (2): 196-208.

邵颂东, 王光谦, 费祥俊, 1997b. 平面二维 Lagrange-Euler 方法及其在水流计算中的应用[J]. 水利学报 (6): 34-37.

史培军, 袁艺, 2014. 重特大自然灾害综合评估[J]. 地理科学进展, 33 (9): 1145-1151.

舒安平, 王乐, 杨凯, 等, 2010. 非均质泥石流固液两相运动特征探讨[J]. 科学通报, 55 (31): 3006-3012.

帅向华, 杨桂岭, 姜立新, 2004. 日本防灾减灾与地震应急工作现状[J]. 地震, 24 (3): 101-106.

苏桂武, 聂高众, 高建国, 2003. 地震应急信息的特征、分类与作用[J]. 地震, 23 (3): 27-35.

孙继浩, 帅向华, 2011. 川滇及其邻区中强地震烈度衰减关系适用性研究[J]. 地震工程与工程振动, 31 (1): 11-18.

汤圣君, 张叶廷, 许伟平, 等, 2014. 三维 GIS 中的参数化建模方法[J]. 武汉大学学报 (信息科学版), 39 (9): 1086-1090, 1097.

唐川, 周钜乾, 朱静, 等, 1994. 泥石流堆积扇危险度分区评价的数值模拟研究[J]. 灾害学, 9 (4): 7-13.

唐垒庆, 2012. S303 线映秀至卧龙段震后公路泥石流风险评价[D]. 成都: 成都理工大学.

唐泽圣, 1999. 三维数据场可视化[M]. 北京: 清华大学出版社.

汪汇兵, 唐新明, 欧阳斯达, 等, 2013. 地理时空过程动态可视化表达的目标与实践[J]. 测绘科学, 38 (6): 85-87.

王光谦, 倪晋仁, 1994. 泥石流动力学基本方程[J]. 科学通报, 39 (18): 1700-1704.

王光谦, 邵颂东, 费祥俊, 1998a. 泥石流模拟: I-模型[J]. 泥沙研究 (3): 7-13.

王光谦, 邵颂东, 费祥俊, 1998b. 泥石流模拟: II-验证[J]. 泥沙研究 (3): 14-17.

王光谦, 邵颂东, 费祥俊, 1998c. 泥石流模拟: III-应用[J]. 泥沙研究 (3): 18-22.

王华, 韩祖杰, 王志敏, 2013. 高速铁路桥梁三维参数化建模方法研究[J]. 计算机应用与软件, 30 (9): 71-73, 76.

王丽, 陈嘉陵, 2004. 泥石流的数值模拟和试验模拟方法[J]. 水土保持科技情报 (1): 7-10.

王沁, 姚令侃, 陈春光, 2002. 格子 Boltzmann 方法在非牛顿流体研究中的应用[J]. 四川大学学报 (自然科学版), 39 (2): 214-218.

王沁, 姚令侃, 何平, 等, 2005. 泥石流入汇主河的格子 Boltzmann 模拟[J]. 自然灾害学报, 14 (3): 29-33.

王勇智, 2008. 固液两相泥石流运动计算力学[D]. 重庆: 重庆交通大学.

韦方强, 胡凯衡, Lopez J L 等, 2003. 泥石流危险性动量分区方法与应用[J]. 科学通报, 48 (3): 298-301.

吴晨, 朱庆, 张叶廷, 等, 2014. 顾及用户体验的三维城市模型自适应组织方法[J]. 武汉大学学报 (信息科学版), 39 (11): 1293-1297.

项良俊, 2014. 金沙水电站坝区流域肖家沟泥石流的三维流场数值模拟及风险评价[D]. 长春: 吉林大学.

肖英, 田鸿, 侯平, 等, 2019. 无人机倾斜摄影测量技术在地质灾害中的应用[J]. 企业科技与发展 (3): 113-114.

熊汉江, 龚健雅, 朱庆, 2001. 数码城市空间数据模型与可视化研究[J]. 武汉大学学报 (信息科学版), 26 (5): 393-398.

杨夫坤, 管群, 张志国, 等, 2010. 基于 Socket 分布式计算的泥石流危险性分区系统[J]. 计算机工程与设计, 31 (22): 4909-4912.

杨升, 管群, 2011. 基于 CUDA 的泥石流模拟计算研究[J]. 计算机工程与设计, 32 (12): 4231-4236.

杨雪, 管群, 2013. 基于 GIS 和流团模型的泥石流模拟系统的研究[J]. 计算机技术与发展, 23 (3): 152-155, 159.

杨延, 2010. 二维地震数据的可视化研究与实现[D]. 成都: 电子科技大学.

曾超, 贺拿, 宋国虎, 2012. 泥石流作用下建筑物易损性评价方法分析与评价[J]. 地球科学进展, 27 (11): 1211-1220.

张迎春, 2007. 铁路泥石流灾害与风险评价与防治研究[D]. 北京: 北京交通大学.

张永双, 成余粮, 姚鑫, 等, 2013. 四川汶川地震—滑坡—泥石流灾害链形成演化过程[J]. 地质通报, 32 (12): 1900-2010.

张玉萍, 2009. 泥石流冲击信号识别方法研究[D]. 重庆: 重庆交通大学.

张昀昊, 朱庆, 朱军, 等, 2017. 海量 DSM 数据的网络轻量化可视化方法[J]. 测绘科学技术学报, 34 (6): 649-653.

钟斌青, 2012. 基于 GIS 的泥石流空间元胞动态仿真技术研究[D]. 北京: 中国地质大学.

周杰, 2016. 基于倾斜摄影测量技术构建实景三维模型的方法研究[J]. 价值工程, 35 (25): 232-236.

朱庆, 2004. 3 维地理信息系统技术综述[J]. 地理信息世界, 2 (3): 8-12.

朱庆，2011. 3 维 GIS 技术进展[J]. 地理信息世界，9（2）：25-27，33.

朱庆，2014. 三维 GIS 及其在智慧城市中的应用[J]. 地球信息科学学报，16（2）：151-157.

朱庆，付萧，2017. 多模态时空大数据可视分析方法综述[J]. 测绘学报，46（10）：1672-1677.

朱庆，李德仁，龚健雅，等，2001. 数码城市 GIS 的设计与实现[J]. 武汉大学学报（信息科学版），26（1）：8-11，17.

祝红英，顾华奇，桂新，等，2009. 基于 ArcGIS 的洪水淹没分析模拟及可视化[J]. 测绘通报（5）：66-68.

邹贤才，李建成，汪海洪，等，2010. OpenMP 并行计算在卫星重力数据处理中的应用[J]. 测绘学报，39（6）：636-641.

Adachi K，Tokuyama K，Nakasuji A，1977. Study on judgment of outbreakability of debris flow[J]. SHIN-SABO（in Japanese），29（4）：7-16.

Alexander D E，1993. Natural disasters[M]. London：UCL Press Limited.

Amritkar A，Tafti D，Liu R，et al.，2012. OpenMP parallelism for fluid and fluid-particulate systems[J]. Parallel Computing，38（9）：501-517.

Auer M，Agugiaro G，Billen N，et al.，2014. Web-based visualization and query of semantically segmented multiresolution 3D models in the field of cultural heritage[J]. ISPRS Annals of Photogrammetry，Remote Sensing and Spatial Information Sciences，2（5）：33-39.

Bai J，Gao S M，Tang W H，et al.，2010. Design reuse oriented partial retrieval of CAD models[J]. Computer-Aided Design，（42）12：1069-1084.

Bai R，Li T J，Huang Y F，et al.，2015. An efficient and comprehensive method for drainage network extraction from DEM with billions of pixels using a size-balanced binary search tree[J]. Geomorphology（238）：56-67.

Bandrova T，2001. Designing of symbol system for 3D city maps[C]//Proceedings of the 20th International Cartographic Conference，Beijing，ICA（2）：1002-1010.

Becker S，2009. Generation and application of rules for quality dependent façade reconstruction[J]. ISPRS Journal of Photogrammetry and Remote Sensing，64（6）：640-653.

Blahut J，van Westen C J，Sterlacchini S，2010. Analysis of landslide inventories for accurate prediction of debris-flow source areas[J]. Geomorphology，119（1）：36-51.

Bodum L，2005. Modelling virtual environments for geovisualization：a focus on representation[M]. London：Elsevier.

Brédif M，Boldo D，Deseilligny M P，et al.，2007. 3D building reconstruction with parametric roof superstructures[C]//ICIP（2）：537-540.

Bruner M，Rizzetto L，2008. Dynamic simulation of tram-train vehicles on railway track[J]. WIT Transactions on The Built Environment，101：491-501.

Bunch R L，Lloyd R E，2006. The cognitive load of geographic information[J]. The Professional Geographer，58（2）：209-220.

Burningham K，Fielding J，Thrush D，2008. 'It'll never happen to me'：understanding public awareness of local flood risk[J]. Disasters，32（2）：216-238.

Cadag J R D，Gaillard J C，2012. Integrating knowledge and actions in disaster risk reduction：the contribution of participatory mapping[J]. Area，44（1）：100-109.

Calvo B，Savi F，2009. A real-world application of Monte Carlo procedure for debris flow risk assessment[J]. Computers and Geosciences，35（5）：967-977.

Chang T C，2007. Risk degree of debris flow applying neural networks[J]. Natural Hazards，42（1）：209-224.

Chen H D，Chen S Y，Matthaeus W H，1992. Recovery of the Navier-Stokes equations using a lattice-gas Boltzmann method[J]. Physical Review A，45（8）：5339-5342.

Chen H D，Kandasamy S，Orszag S，et al.，2003. Extended Boltzmann kinetic equation for turbulent flows[J]. Science，301（5633）：633-636.

Chen Q Y，Liu G，Ma X G，et al.，2018. Local curvature entropy-based 3D terrain representation using a comprehensive Quadtree[J]. ISPRS Journal of Photogrammetry and Remote Sensing（139）：30-45.

Chevrier C，Perrin J P，2009. Generation of architectural parametric components[C]//Proceedings of CAAD Futures.

Coors V，2002. Resource-adaptive interactive 3D maps[C]//International Symposium on Smart Graphics. ACM，27（4）：140-144.

Cui P，Chen X Q，Zhu Y Y，et al.，2011. The Wenchuan earthquake（May 12，2008），Sichuan province，China，and resulting geohazards[J]. Natural Hazards，56（1）：19-36.

Cui P，Zou Q，Xiang L Z，et al.，2013. Risk assessment of simultaneous debris flows in mountain townships[J]. Progress in Physical Geography，37（4）：516-542.

D'Ambrosio D，Spataro W，2007. Parallel evolutionary modelling of geological processes[J]. Parallel Computing，33（3）：186-212.

D'Ambrosio D，Di Gregorio S，Iovine G，et al.，2002. Simulating the Curti-Sarno debris flow through cellular automata: the model SCIDDICA（release S$_2$）[J]. Physics and Chemistry of the Earth，Parts A/B/C，27（36）：1577-1585.

D'Ambrosio D，Spataro W，Iovine G，2006. Parallel genetic algorithms for optimising cellular automata models of natural complex phenomena: an application to debris flows[J]. Computers and Geosciences，32（7）：861-875.

D'Ambrosio D，Iovine G，Spataro W，et al.，2007. A macroscopic collisional model for debris-flows simulation[J]. Environmental Modelling and Software，22（10）：1417-1436.

D'Aniello A，Cozzolino L，Cimorelli L，et al.，2015. A numerical model for the simulation of debris flow triggering，propagation and arrest[J]. Natural Hazards，75（2）：1403-1433.

Denolle M A，Dunham E M，Prieto G A，et al.，2014. Strong ground motion prediction using virtual earthquakes[J]. Science，343（6169）：399-403.

Derbyshire E，1976. Geomorphology and climate[M]. London：John Wiley and Sons Limited.

Deyle R E，French S P，Olshansky R B，et al.，1998. Harzardassessment: the factual basis for planning and mitigation[C]//Burby R J. Cooperating with Natural Hazards with Land-Use Planning for Sustainable Communities. Washington：Joseph Henry Press.

Döllner J，Buchholz H，2005. Non-photorealism in 3D geovirtual environments[C]//Proceedings of AutoCarto. Las Vegas，ACSM：1-14.

Döllner J，Kyprianidis J E，2009. Approaches to image abstraction for photorealistic depictions of virtual 3D models[C]//Cartography in Central and Eastern Europe. Berlin：Springer：263-277.

Dottori F，Todini E，2010. A 2D flood inundation model based on cellular automata approach[C]//XVIII International Conference on Water Resources CMWR，Barcelona.

Dransch D，Rotzoll H，Poser K，2010. The contribution of maps to the challenges of risk communication to the public[J]. International Journal of Digital Earth，3（3）：292-311.

Enright D，Marschner E，Fedkiw R，2002. Animation and rendering of complex water surfaces[J]. ACM Transactions on Graphics，21（3）：736-744.

Evans S Y，Todd M，Baines I，et al.，2014. Communicating flood risk through three-dimensional visualisation[C]//Proceedings of the Institution of Civil Engineers-Civil Engineering. Thomas Telford Ltd，167（5）：48-55.

Fabrikant S I，Goldsberry K，2005. Thematic relevance and perceptual salience of dynamic geovisualization displays[C]//Proceedings，22th ICA/ACI International Cartographic Conference，A Coruña，Spain.

Fell R，Hartford D，1997. Landslide risk management[C]//Cruden D M，Fell R，Landslide Risk Assessment. Rotterdam：51-109.

Ferrari A，Dumbser M，Toro E F，et al.，2009. A new 3D parallel SPH scheme for free surface flows[J]. Computers and Fluids，38（6）：1203-1217.

Fox P，Hendler J，2011. Changing the equation on scientific data visualization[J]. Science，331（6018）：705-708.

Friedman E，Santi P，2013. Debris-flow hazard assessment and model validation，Medano Fire，Great Sand Dunes National Park and Preserve，Colorado[M]. Virginia：American Society of Civil Engineers.

Fuchs S，Heiss K，Hübl J，2007.Towards an empirical vulnerability function for use in debris flow risk assessment[J]. Natural Hazards and Earth System Science，7（70）：495-506.

Gaillard J C，Pangilinan M L C J D，2010. Participatory mapping for raising disaster risk awareness among the youth[J]. Journal of Contingencies and Crisis Management，18（3）：175-179.

Gentile F，Bisantino T，Liuzzi G T，2008. Debris-flow risk analysis in south Gargano watersheds（Southern-Italy）[J]. Natural

Hazards，44（1）：1-17.

Gloudemans J R，McDonald R，2010. Improved geometry modeling for high fidelity parametric design[C]//48th AIAA Aerospace Sciences Meeting Including the New Horizons Forum and Aerospace Exposition，Orlando：4-7.

Gonzalez-Badillo G，Medellin-Castillo H，Lim T，et al.，2014. The development of a physics and constraint-based haptic virtual assembly system[J]. Assembly Automation，34（1）：41-55.

Gooch B，Gooch A，2001. Non-photorealistic rendering[M]. Natick：AK Peters.

Guan C，Chang L，Xu H Y，2013. The simulation of traction and braking performance for high-speed railway virtual reality system[C]//Computational Intelligence and Communication Networks（CICN），2013 5th International Conference on IEEE：631-634.

Hagemeier-Klose M，Wagner K，2009. Evaluation of flood hazard maps in print and web mapping services as information tools in flood risk communication[J]. Natural Hazards and Earth System Science，9（93）：563-574.

Hansen C D，Johnson C R，2011. Visualization handbook[M]. London：Elsevier.

He Y P，Xie H，Cui P，et al.，2003. GIS-based hazard mapping and zonation of debris flows in Xiaojiang Basin，southwestern China[J]. Environmental Geology，45（2）：286-293.

Huang P，Zhang X，Ma S，et al，2008. Shared memory OpenMP parallelization of explicit MPM and its application to hypervelocity impact[J]. CMES：Computer Modelling in Engineering and Sciences，38（2）：119-148.

Hürlimann M，Copons R，Altimir J，2006. Detailed debris flow hazard assessment in Andorra：a multidisciplinary approach[J]. Geomorphology，78（3）：359-372.

Hurst N W，1998. Risk assessment：The human dimension[M]. Cambridge：The Royal Society of Chemistry.

IGUS，1997. Working group on landslide，committee on risk assessment. Quantitative risk assessment for slope and landslides-the state of the art[C]//Cruden D M，Fell R. Landslide Risk Assessment. Rotterdam：3-12.

Iverson R M，1997. The physics of debris flows[J]. Reviews of Geophysics，35（3）：245-296.

Jahnke M，Meng L Q，Kyprianidis J E，et al.，2008. Non-photorealistic rendering on mobile devices and its usability concerns[C]//CD-Proceedings Virtual Geographic Environments-An international Conference on Development on Visualization and Virtual Environments in Geographic Information Science. Beijing：Science Press.

Jakob M，Stein D，Ulmi M，2012. Vulnerability of buildings to debris flow impact[J]. Natural hazards，60（2）：241-261.

Johnson A M，Rahn P H，1970. Mobilization of debris flows[J]. Zeitschrift fur Geomorphologie，9：168-1861.

Kim K H，Wilson J P，2015. Planning and visualising 3D routes for indoor and outdoor spaces using CityEngine[J]. Journal of Spatial Science，60（1）：179-193.

Lacasta A，Juez C，Murillo J，et al.，2015. An efficient solution for hazardous geophysical flows simulation using GPUs[J]. Computers and Geosciences，78：63-72.

Li W L，Zhu J，Zhang Y H，et al.，2019. A fusion visualization method for disaster information based on self-explanatory symbols and photorealistic scene cooperation[J]. ISPRS International Journal of Geo-Information，8（3）：104.

Liam F W D，1993. Geotechnical aspects of the estimation and mitigation of earthquake risk[C]//Tucker B E，Rdik E M，Hwang C N. Issues in Urban Earthquake Risk. Dordrecht：Kluwer Academic Publishers.

Lin G F，Chen L H，Lai J N，2006. Assessment of risk due to debris flow events：a case study in central Taiwan[J]. Natural Hazards，39（1）：1-14.

Lin H，Chen M，Lu G N，et al.，2013. Virtual geographic environments（VGEs）：a new generation of geographic analysis tool[J]. Earth-Science Reviews，126：74-84.

Liu K F，Li H C，Hsu Y C，2009. Debris flow hazard assessment with numerical simulation[J]. Natural Hazards，49（1）：137-161.

Løvset T，Ulvang D M，Bekkvik T C，et al.，2013. Rule-based method for automatic scaffold assembly from 3D building models[J]. Computers and Graphics，37（4）：256-268.

Lü G N，2011. Geographic analysis-oriented virtual geographic environment：framework，structure and functions[J]. Science China Earth Sciences，54（5）：733-743.

Luna B Q，Blahut J，Camera C，et al.，2014. Physically based dynamic run-out modelling for quantitative debris flow risk assessment：a case study in Tresenda，northern Italy[J]. Environmental Earth Sciences，72（3）：645-661.

Macchione F，Costabile P，Costanzo C，et al.，2019. Moving to 3-D flood hazard maps for enhancing risk communication[J]. Environmental Modelling and Software，111：510-522.

MacEachren A M，2004. How maps work：representation，visualization，and design[M]. New York：The Guilford Press.

Maskrey A，1989. Disaster mitigation：a community based approach[M]. Oxford：Oxfam.

Meyer V，Kuhlicke C，Luther J，et al.，2012. Recommendations for the user-specific enhancement of flood maps[J]. Natural Hazards and Earth System Sciences，12（155）：1701-1716.

Nath B，Hens L，Compton P，et al.，1996. Environmental management[M]. Beijing：Chinese Environmental Science Publishing House.

Nebiker S，Cavegn S，Loesch B，2015. Cloud-based geospatial 3D image spaces：a powerful urban model for the smart city[J]. ISPRS International Journal of Geo-Information，4（4）：2267-2291.

O'Brien J S，Julien P Y，Fullerton W T，1993. Two-dimensional water flood and mudflow simulation[J]. Journal of Hydraulic Engineering，119（2）：244-261.

Oliverio M，Spataro W，D'Ambrosio D，et al.，2011. OpenMP parallelization of the SCIARA Cellular Automata lava flow model：performance analysis on shared-memory computers[J]. Procedia Computer Science，4：271-280.

Ouyang C J，He S M，Tang C，2015. Numerical analysis of dynamics of debris flow over erodible beds in Wenchuan earthquake-induced area[J]. Engineering Geology，194：62-72.

Peters S，Jahnke M，Murphy C E，et al.，2017. Cartographic enrichment of 3D city models：state of the art and research perspectives[C]//Advances in 3D Geoinformation. Cham：Springer：207-230.

Pfund M，2001. Topologic data structure for a 3D GIS[C]//Proceedings of the 3rd ISRS Workshop on Dynamic and Multidimensional GIS：23-25.

Pu S，Vosselman G，2009. Knowledge based reconstruction of building models from terrestrial laser scanning data[J]. ISPRS Journal of Photogrammetry and Remote Sensing，64（6）：575-584.

Qiu L Y，Du Z Q，Zhu Q，et al.，2017. An integrated flood management system based on linking environmental models and disaster-related data[J]. Environmental Modelling and Software（91）：111-126.

Roberds W J，Ho K K S，1997. A quantitative risk assessment and risk management methodology for natural terrain in Hong Kong[C]//First ASCE Int Conf on Debris-Flow Hazards Mitigation：Mechanics，Prediction and Assessment，San Francisco，CA，USA：7-9.

Sanders J，Kandrot E，2010. CUDA by example：an introduction to general-purpose GPU programming[M]. New Jersey：Addison-Wesley Professional.

Sheffer A，Praun E，Rose K，2006. Mesh parameterization methods and their applications[J]. Foundations and Trends in Computer Graphics and Vision，2（2）：105-171.

Singh S P，Jain K，Mandla V R，2014. Image based virtual 3D campus modeling by using CityEngine[J]. American Journal of Engineering Science and Technology Research，2（1）：1-10.

Smith K，1996. Environmental hazards：assessing risk and reducing disaster[M]. London：Routledge.

Son H，Kim C，Kim C，2013. Knowledge-based approach for 3D reconstruction of as-built industrial plant models from laser-scan data[J]. Proceedings of the 30th ISARC，Montréal，Canada：885-893.

Subarno T，Siregar V P，Agus S B，et al.，2016. Modelling complex terrain of reef geomorphological structures in harapan-kelapa island，kepulauan seribu[J]. Procedia Environmental Sciences，33：478-486.

Süveg I，2003. Reconstruction of 3D building models from aerial images and maps[D]. Delft：Delft University of Technology.

Takahashi T，1980. Debris flow on prismatic open channel[J]. Journal of the Hydraulics Division，106（3）：381-396.

Tian Y X，Gerke M，Vosselman G，et al.，2010. Knowledge-based building reconstruction from terrestrial video sequences[J]. ISPRS Journal of Photogrammetry and Remote Sensing，65（4）：395-408.

Tobin G A，Montz B E，1997. Natural hazards：explanation and integration[M]. NewYork：The Guilford Press.

Truong H Q，Hmida H B，Marbs A，et al.，2010. Integration of knowledge into the detection of objects in point clouds[J]. PCV：143-148.

United Nations Department of Humanitarian Affairs，1991. Mitigating natural disaster：phenomena，effects and options：a manual for policy makers and planners[M]. New York：United Nations.

Wang J，Lawson G，Shen Y Z，2014. Automatic high-fidelity 3D road network modeling based on 2D GIS data[J]. Advances in Engineering Software，76：86-98.

Ward M O，Grinstein G，Keim D，2015. Interactive data visualization：foundations，techniques，and applications[M]. Natick：AK Peters/CRC Press.

Wei F Q，Gao K C，Hu K H，et al.，2008. Relationships between debris flows and earth surface factors in Southwest China[J]. Environmental Geology，55（3）：619-627.

White I，Kingston R，Barker A，2010. Participatory geographic information systems and public engagement within flood risk management[J]. Journal of Flood Risk Management，3（4）：337-346.

Wilson R，Crouch E A C，1987. Risk assessment and comparisons：an introduction[J]. Science，236：267-270.

Wolff M，Asche H，2009. Towards geovisual analysis of crime scenes：a 3D crime mapping approach[C]//Advances in GIScience，Proceedings of the Agile Conference，Hannover，Germany，5（8）：429-448.

Yin L Z，Zhu J，Li Y，et al.，2017. A virtual geographic environment for debris flow risk analysis in residential areas[J]. ISPRS International Journal of Geo-Information，6（11）：377.

Zhang X，Zhu Q，Wang J W，2004. 3D city models based spatial analysis to urban design[J]. Geographic Information Sciences，10（1）：82-86.

Zhang Y H，Zhu J，Li W L，et al.，2019. Adaptive construction of the virtual debris flow disaster environments driven by multitype visualization task[J]. ISPRS International Journal of Geo-Information，8（5）：209.

Zhu Q，Li D R，Zhang Y T，et al.，2002. CyberCity GIS（CCGIS）：integration of DEMs，images，and 3D models[J]. Photogrammetric Engineering and Remote Sensing，68（4）：361-368.

Zhu Q，Zhao J Q，Du Z Q，et al.，2009. Perceptually guided geometrical primitive location method for 3D complex building simplification[J]. Proceedings of GeoWeb：74-79.

Zhuang J Q，Cui P，Ge Y G，et al.，2010. Probability assessment of river blocking by debris flow associated with the Wenchuan Earthquake[J]. International Journal of Remote Sensing，31（13）：3465-3478.

Zlatanova S，Fabbri A G，2009. Geo-ICT for risk and disaster management[C]//Geospatial Technology and the Role of Location in Science. Springer，Dordrecht：239-266.

Zlatanova S，Van Den Heuvel F A，2002. Knowledge-based automatic 3D line extraction from close range images[J]. International Archives of Photogrammetry Remote Sensing and Spatial Information Sciences，34（5）：233-240.

Zou Q，Cui P，Zeng C，et al.，2016. Dynamic process-based risk assessment of debris flow on a local scale[J]. Physical Geography，37（2）：132-152.

第2章　基于精细化格网的泥石流灾害快速风险评估

泥石流灾害风险评估的发展对评估的精细程度与空间的表现方式等方面提出了更高的要求，传统的以定性为主的风险评估方法通常难以满足现有需求（舒和平等，2016）。GIS 技术具有强大的空间数据管理和空间分析功能，在泥石流灾害风险评估方法中得到广泛使用（李军和周成虎，2003）。因此，本书采用 GIS 技术，以精细空间格网为基本评估单元，研究泥石流灾害快速风险评估方法，对受灾区域的人口、道路和居民地等风险对象进行精细空间量化评估。

2.1　泥石流灾害风险评估概述

2.1.1　泥石流灾害风险评估的定义

泥石流灾害风险是指在一定的时间范围内，在山区或者其他沟谷深壑等区域发生的泥石流给人的生命财产造成损害的可能性（刘光旭等，2012）。该定义综合考虑了泥石流灾害发生的危险性以及承灾体受泥石流灾害影响而存在的潜在易损性，风险性可以表示为危险性和易损性的乘积。危险性是由泥石流灾害发生的可能性和泥石流灾害的规模及影响范围决定的，易损性是指承灾体在遭受泥石流灾害损害时环境、社会和经济因子等所决定的损失程度（刘希林，2000a，2000b；刘希林和莫多闻，2002；陈果和贾苍琴，2009）。开展泥石流灾害风险评估可以为制定应急救援决策以及应急处置方案提供重要的科学依据，根据自然灾害风险评估数学表达式（刘希林和莫多闻，2002；刘光旭等，2012），泥石流灾害风险性计算方法如式（2-1）所示，泥石流灾害风险评估体系如图 2-1 所示。

$$R = H \times V \tag{2-1}$$

式中，R 表示泥石流灾害风险性（0～1）；H 表示泥石流灾害危险性（0～1）；V 表示泥石流灾害易损性（0～1）。

2.1.2　泥石流灾害风险评估基本思路

泥石流灾害风险评估大多以行政区域为基本评估单元，评估结果只能概括地总结出各个区域的风险值大小，难以清晰地表达各个行政区域内部之间的差异（熊俊楠，2013；崔鹏和邹强，2016）。泥石流灾害风险评估大体分为单沟泥石流灾害整体性风险评估和单沟泥石流灾害精细化风险评估。单沟泥石流灾害整体性风险评估是指依据专家经验、影像数据、野外调查结果以及历史资料等提取诸如流域面积、降雨强度、人口密度、土地

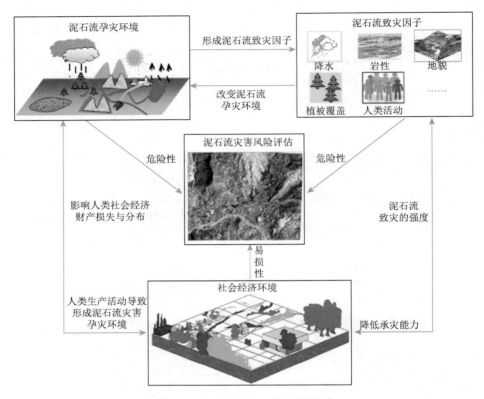

图 2-1　泥石流灾害风险评估体系

利用价值等评估因子构建风险性函数,快速地对泥石流灾害进行风险评估,但这只能简单地量化泥石流灾害风险程度。单沟泥石流灾害精细化风险评估是指基于泥石流灾害数值模型计算得到不同情景下的淤埋泥深、淤埋范围、流速、最大泥深和最大流速等灾情信息,精确地开展泥石流灾害风险评估分析,但泥石流灾害数值模拟计算涉及的参数繁多且复杂,难以在短时间内完成相关数据的收集与预处理,因此泥石流灾害数值模拟计算需要较长的时间才能完成。

　　为提高泥石流灾害风险评估结果的精度,本书以精细空间格网为基本评估单元,结合上述两种风险评估方法的优点,在 GIS 技术的支撑下快速获取受灾区域的相关评估因子值,迅速开展单沟泥石流灾害整体性风险评估。在此基础上,若泥石流灾害风险等级高,则继续选择适宜的格网尺度开展数值模拟计算,并基于模拟计算结果和精细化空间格网开展泥石流灾害风险评估,风险评估以人为本,重点考虑受灾区域的风险人口、重要居民地、道路和公共基础设施等方面,具体流程如图 2-2 所示。

2.1.3　泥石流灾害风险评估要素分析

1. 风险评估指标选取原则

泥石流灾害的发生、发展过程以及泥石流堆积过程受到地质、地貌、河沟、降水等

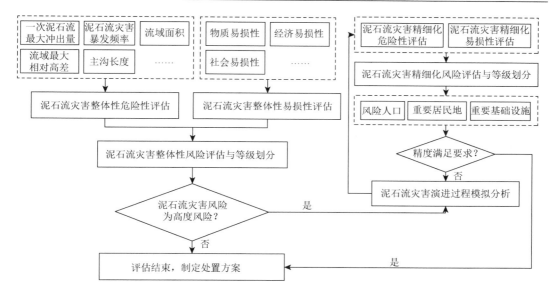

图 2-2   基于精细化格网的泥石流灾害快速风险评估流程

众多因子的影响，不同因子的影响程度以及作用方式不相同，因此，需要遵循泥石流灾害风险评估的全面性原则、主导因素原则、规范性原则、简明性和可操作性原则等在众多因子中选取合适的因子用于泥石流灾害危险性分析（胡浩鹏，2007；杨麒麟，2012；贾涛，2015）。

（1）全面性原则：泥石流灾害形成条件极为复杂，在不同区域、不同时期各个危险因子对泥石流所起的作用是不一样的，因此，构建泥石流灾害危险性评估因子体系时应充分考虑影响泥石流各个方面的因素，全面地反映泥石流灾害的危险性（麦华山，2008）。

（2）主导因素原则：在泥石流灾害发生过程中，各个危险性评估因子的影响程度是不一样的，因此，在开展泥石流灾害危险性评估时，需要充分考虑影响泥石流灾害发生的主次因素。

（3）规范性原则：泥石流灾害的发生虽然具有区域性，但是泥石流形成的基本条件在国内外研究中已形成共识，因此，泥石流灾害危险性评估选取的指标要尽量规范、通用（胡浩鹏，2007；贾涛，2015）。

（4）简明性和可操作性原则：在危险因子选取过程中，应考虑实际问题的针对性和阶段性，简明地选取适量的危险因子用于泥石流灾害危险性评估，危险因子的赋值量化应在实地调查、搜集有关文献资料等的过程中易实现（杨麒麟，2012；史明远，2016）。

2. 危险性评估因子选取

致使泥石流灾害发生的危险因子有很多，大体上可以分为历史性危险因子和潜在危险因子（麦华山，2008）。历史性危险因子主要是指野外实地调查以及当地相关部门获取的泥石流灾害发生频率、发生规模和损失情况等，不仅可以充分反映泥石流灾害的历史活动情况，还有助于对未来泥石流灾害发生的可能性进行预测（胡浩鹏，2007）。潜在危险因子主要包括泥石流灾害形成的基本条件以及环境背景（综合考虑受灾区域的地质、地形地貌、气象水文和人类活动等条件）（麦华山，2008；李欣杰，2014）。当前研究虽然已经构建了一系列泥石流灾害危险性评估因子体系，但是由于影响泥石流灾害发生、发展的因素具有复杂性和地域性，现有的泥石流灾害危险性评估因子体系大多是针对某一条沟或者几条沟的，并且考虑的因子不全面，导致自身适应性较差，迄今为止还没有一个公认的准确的泥石流灾害危险性评估因子体系（王学良和李建一，2011）。

因此，本书在遵循风险评估因子选取原则的基础上，参考国内外学者对泥石流灾害危险性评估因子选取的研究，并结合四川省汶川县七盘沟泥石流的特点和发育特征，选取泥石流灾害暴发频率 C_1（次/100a）、一次泥石流最大冲出量 C_2（万 m^3）、流域面积 C_3（km^2）、主沟长度 C_4（km）、流域最大相对高差 C_5（km）、主沟弯曲度系数 C_6、岩性等级 C_7、年平均 24 小时最大降水量 C_8（mm）和人口密度 C_9（人/km^2）等危险性评估因子来评估泥石流灾害危险性（刘希林等，1995；李欣杰，2014），危险性评估因子体系如图 2-3 所示。其中，受灾区域的流域面积、主沟长度等参数信息可以通过对受灾区域的灾前、灾后遥感影像进行判读和解译获得；流域最大相对高差可以依据受灾区域 DEM 数据计算得到；一次泥石流最大冲出量、泥石流灾害暴发频率、主沟弯曲度系数、年平均24 小时最大降水量、人口密度、岩性等级等参数则需要依据实地调查结果数据以及受灾区域的历史文献资料获取。

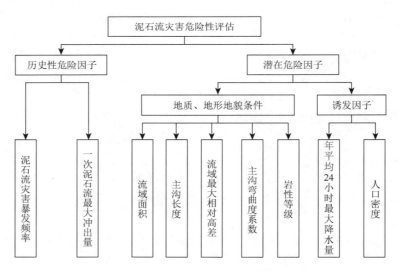

图 2-3　泥石流灾害危险性评估因子体系

3. 易损性评估因子选取

泥石流灾害易损性是指泥石流灾害导致的受灾区域内人、建筑物和道路等承灾体潜在的最大损失，由于承灾体的复杂性，难以对承灾体的损失进行一一核算，因此，需要对承灾体先进行分类，再统计分析（曾晓丽，2015）。泥石流灾害易损性评估因子主要包括物质易损性、经济易损性、社会易损性以及环境易损性四类，物质易损性主要针对建筑物、基础设施和道路等有形的承灾体；经济易损性主要针对财产、经济收入以及工业、农业产品等承灾体；社会易损性主要针对人员和社会组织等承灾体；环境易损性主要针对泥石流对土地、水等资源的影响，具体见表 2-1（邹杨娟，2016）。

表 2-1　泥石流灾害易损性评估因子体系

评估因子	具体描述
物质易损性	物质易损性主要指道路、建筑物、供水管线等在承受泥石流灾害侵袭时的损坏程度。一般情况下，研究区域内这些承灾体的受损程度越严重，物质易损性值就越大
经济易损性	经济易损性用于评估泥石流灾害发生过程中研究区域内国民经济所受到的影响，主要考虑人均年收入、人均储蓄存款和人均固定资产等
社会易损性	社会易损性主要用于对研究区域内人员伤亡的程度进行综合评估，主要考虑人口密度、人口结构、人口受教程度和人口自然增长率等
环境易损性	环境易损性主要指泥石流灾害对土地、水等资源的影响，在土地资源方面主要考虑的是土地利用分类，并对土地利用分类结果以及水量进行赋值量化

4. 评估因子的标准化处理

由于不同泥石流灾害评估因子所表征的对象不一样，它们的量纲自然也会存在很大的差别。因此，要对不同量纲的数值进行对比分析，需要先将灾害评估因子值全部转换为无量纲的数据后再进行计算，数值范围为 0~1。泥石流灾害危险因子等级及赋值见表 2-2，可以根据危险因子实际值来赋予各危险因子等级及相对值（杨秀元等，2014）。

表 2-2　评估因子标准化处理

泥石流灾害暴发频率/(次/100a)	取值范围	(0, 5]	(5, 10]	(10, 20]	(20, 50]	(50, 100]	[100, +∞)
	赋值	0	0.2	0.4	0.6	0.8	1.0
一次泥石流最大冲出量/万 m³	取值范围	(0, 1]	(1, 5]	(5, 10]	(10, 50]	(50, 100]	[100, +∞)
	赋值	0	0.2	0.4	0.6	0.8	1.0
流域面积/km²	取值范围	(0, 0.5]或[50, +∞)	(0.5, 2]	(2, 5]	(5, 10]	(10, 30]	(30, 50]
	赋值	0	0.2	0.4	0.6	0.8	1.0
主沟长度/km	取值范围	(0, 0.5]	(0.5, 1]	(1, 2]	(2, 5]	(5, 10]	[10, +∞)
	赋值	0	0.2	0.4	0.6	0.8	1.0
流域最大相对高差/km	取值范围	(0, 0.2]	(0.2, 0.5]	(0.5, 0.7]	(0.7, 1.0]	(1.0, 1.5]	[1.5, +∞)
	赋值	0	0.2	0.4	0.6	0.8	1.0
主沟弯曲度系数	取值范围	(0, 1.1]	(1.1, 1.2]	(1.2, 1.3]	(1.3, 1.4]	(1.4, 1.5]	[1.5, +∞)
	赋值	0	0.2	0.4	0.6	0.8	1.0
岩性等级	取值范围	(0, 20]	(20, 40]	(40, 60]	(60, 80]	(80, 100]	[100, +∞)
	赋值	0	0.2	0.4	0.6	0.8	1.0
年平均24小时最大降水量/mm	取值范围	(0, 50]	(50, 75]	(75, 100]	(100, 120]	(120, 150]	[150, +∞)
	赋值	0	0.2	0.4	0.6	0.8	1.0
人口密度/(人/km²)	取值范围	(0, 20]	(20, 50]	(50, 100]	(100, 150]	(150, 200]	[200, +∞)
	赋值	0	0.2	0.4	0.6	0.8	1.0

2.2 评估要素精细格网化与空间展布

随着泥石流灾害风险评估向定量化、格网化、管理空间化的方向发展，现有的泥石流灾害风险评估方法不能定量表征建筑物破坏数或者伤亡人数的精细化空间分布，难以满足泥石流灾害风险管理需求（李军和周成虎，2003；张斌等，2013）。因此，本书采用 GIS 技术对研究区域和风险对象进行精细化的空间格网划分，并以精细格网为基本评估单元，获得格网尺度下的定量风险评估结果，以为泥石流灾害风险管理、灾害预警与防灾减灾等提供理论支撑。

2.2.1 评估要素空间格网化方法

评估要素空间格网化是指将空间上分布不均的数据，按照一定的方法归算到规则分布的格网中，以减少局部噪声，填补空白的格网数据（陈鹏等，2014）。基于 GIS 技术的数据格网化还应赋予每个格网单元空间结构及属性值，以便更加完整地反映变量的空间模式（孙滢悦等，2014）。目前，数据空间格网化方法较多，常用的有空间插值法、回归分析法和物理模型法等，每种方法都有优缺点。灾害风险评估对象数据主要包括土地利用、人口和社会经济数据等，因此，本书在总结已有的研究的基础上，采用简单的空间插值法进行相关数据格网化与空间展布。

1. 土地利用风险对象空间格网化

土地利用风险对象主要包括居民地、农业用地、植被、水体和道路等，在进行空间格网化处理时，可能会碰到单个格网内有多个土地利用风险对象的情况，可以依据规则格网内各种土地利用风险对象所占单个格网面积的比重来确定单个网格所属的土地利用风险对象，如图 2-4 所示。主要步骤：①将土地利用风险对象数据进行栅格格网化处理，确定所有规则格网区域内的土地利用风险对象；②确定各个土地利用风险对象与单个规则格网区域相互重叠部分的面积，计算出单个格网内土地利用风险对象所占面积的比例；③按照各个土地利用风险对象占单个格网面积的比重来确定单个格网所属的土地利用风险对象。

2. 人口风险对象空间格网化

人口数据一般是以市（县）为基本单元进行统计的，依据与土地利用风险对象相关的居民居住情况，基于土地利用风险对象格网化数据将人口风险对象在精细化格网内进行空间展布，并综合考虑每个行政区域内统计人口在城镇居民地用地和农村居民地用地方面的不同，合理地量化人口数据的空间分布，如图 2-5 所示。本书采用丁文秀等（2011）提出的耦合模型来实现人口数据的空间格网化，主要基于统计年鉴中的社会经济数据、研究区域行政边界数据、遥感影像数据、土地利用分类数据和 DEM 数据进行计算。

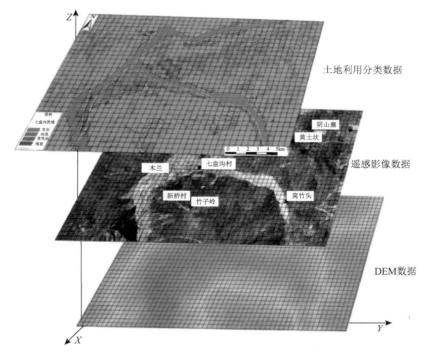

图 2-4　土地利用风险对象空间格网化示意图

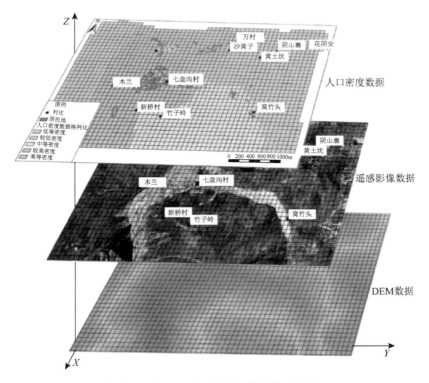

图 2-5　人口风险对象空间格网化示意图

3. 社会经济风险对象空间格网化

社会经济数据一般以行政区域为单元进行统计，虽然社会经济数据也具有空间属性，但是空间分辨率太低，乡镇级别就已是高精度的社会经济数据，不宜直接用于运算。因此，可以根据不同土地利用风险对象对经济的贡献率，同时参考土地利用风险对象的空间格网化数据，将在行政区域内统计的社会经济风险对象合理地在精细格网内进行空间量化，如图 2-6 所示。

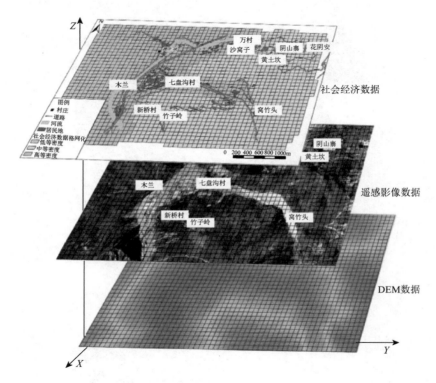

图 2-6　社会经济风险对象空间格网化示意图

2.2.2　评估格网尺度适宜性分析

泥石流灾害风险基本评估格网单元的大小决定了风险评估结果的空间精细程度，格网尺度过小，会忽略风险评估单元内部地物的差异；格网尺度过大，不仅相关精细格网数据难以获取（比如人口、社会经济等数据一般都是在行政区域尺度下进行统计的）、评估模型计算时间增长，而且会出现单个格网内没有地物分布的情况，导致评估风险时损失值为零，从而在整体评估中形成较大的噪声，难以满足应急情景下快速、准确进行风险评估的需求。因此，需要选择合理的精细化格网尺度，估算受灾区域建筑物、人口和道路等可能会遭受的损害。

对泥石流灾害风险评估对象进行精细化空间格网划分时，选择的单个格网最好与风险评估对象大小相近，每个格网既可以作为单独的风险评估单元参与评估，也可以将几个格网合并后进行风险评估。针对建筑物这个风险评估对象，在农村居民区，采用 30m 左右格网即可包含单个建筑物；在城市居民区，一般将街区，即以城市道路划分的建筑地块作为评估单元，每个街区大小不一，面积相差很大，以北京市海淀区为例，各街区面积从 8739m² 到 1188.39 万 m² 不等（袁海红等，2016）。针对道路这个风险评估对象，在农村地区，道路宽度一般为 6m；在城市地区，一级道路总宽一般为 40～70m，二级道路总宽一般为 30～60m。因此，本书综合考虑泥石流灾害风险评估结果精度、七盘沟泥石流所处的行政区域、风险评估对象以及已经获取的数据的精度，将采用的精细格网数据在 30m 格网范围内重采样为几种典型的格网尺度数据，在保证泥石流灾害数值模拟准确性的前提下，选择适宜的格网尺度开展基于精细化格网的泥石流灾害快速风险评估分析。

2.3 泥石流灾害快速风险评估方法

2.3.1 泥石流灾害整体性风险评估

1. 泥石流灾害整体性危险性评估模型

泥石流灾害危险性评估是指在可能发生泥石流的沟谷流域范围内，对人、物遭受损害的可能性采用危险性评估因子进行综合判定，并对不同危险性评估因子进行权重赋值，计算泥石流灾害危险性，实现对泥石流灾害危险程度的等级划分（铁永波和唐川，2006）。但是由于泥石流灾害的影响因素复杂，危险性评估因子的选取方式多样，目前尚无统一的泥石流灾害整体性危险性评估标准（铁永波，2006）。层次分析法（analytic hierarchy process，AHP）具有高度的逻辑性和系统性，可以将定量与定性相结合，解决多目标的复杂问题，为决策者提供多种决策方案，并依据每个决策方案的标准权重判断方案优劣（邓吉秋等，2003；钟燃，2013；钟燃等，2013）。因此，本书在借鉴国内外已有的相关研究基础上，对泥石流灾害危险性评估因子体系进行研究，并基于层次分析法计算出每个危险性评估因子的权重，构建泥石流灾害整体性危险性评估模型。

1）危险性评估因子权重的确定

本书采用层次分析法对泥石流灾害危险性评估因子进行层次结构划分，主要包括目标层、条件层、因子层和方案层，如图 2-7 所示。泥石流灾害危险性评估为递阶层次结构的目标层，致使泥石流灾害发生的物源条件、地形地貌条件和诱发泥石流的条件为递阶层次结构的条件层，泥石流灾害危险性评估因子设置为递阶层次结构的因子层，泥石流灾害不同等级的危险程度作为递阶层次结构的方案层。

（1）判断矩阵的构建。在确定目标层、条件层、因子层和方案层之间的隶属关系后，便可针对目标层构建判断矩阵。将泥石流灾害危险性评估因子进行两两比较，引入一定的判断标准对评估因子之间的相对重要程度进行标度划分，并用数字进行定量表示，构成判断矩阵，具体形式见表 2-3（马威等，2009；王学良和李建一，2011）。

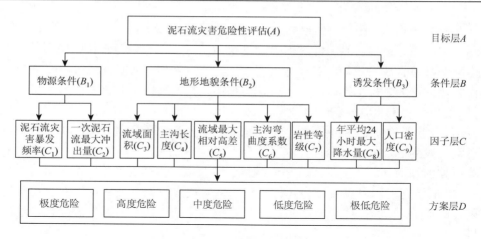

图 2-7　泥石流灾害危险性评估层次结构

表 2-3　判断矩阵的表现形式

M_k	N_1	N_2	N_3	…	N_n
N_1	n_{11}	n_{12}	n_{13}	…	n_{1n}
N_2	n_{21}	n_{22}	n_{23}	…	n_{2n}
N_3	n_{31}	n_{32}	n_{33}	…	n_{3n}
⋮	⋮	⋮	⋮	⋮	⋮
N_n	n_{n1}	n_{n2}	n_{n3}	…	n_{nn}

注：M 表示上一层次某影响因子；N 表示与其相关的本层次影响因子；n 表示影响因子之间的相对重要性；k 表示上一层次影响因子的数量。

对评估因子进行定量表示，重点在于对不同评估因子在某一准则下的相对重要程度进行定量表示，通常采用标度 1～9 进行赋值，构建判断矩阵。数值 1～9 及其倒数的具体含义见表 2-4（刘涛等，2008；贾涛，2015）。其中 1 表示两评估因子具有同等重要性，3、5、7、9 分别表示两评估因子中前者比后者稍微重要、明显重要、强烈重要、极端重要，余下数字则表示为中间值（刘厚成和谷秀芝，2010）。

表 2-4　判断矩阵元素标度取值及其含义

标度	具体含义
1	两个评估因子对于某个属性来说具有同等重要性
3	两个评估因子相比较，一个评估因子比另外一个评估因子稍微重要
5	两个评估因子相比较，一个评估因子比另外一个评估因子明显重要
7	两个评估因子相比较，一个评估因子比另外一个评估因子强烈重要
9	两个评估因子相比较，一个评估因子比另外一个评估因子极端重要
2，4，6，8	当两评估因子相对重要程度处于上述两个相邻标度之间时折中取值
1，1/3，1/5，1/7	如果两评估因子相比较后的标度值为 a_{ij}，那么两评估因子反过来相比较后的标度值为 $1/a_{ij}$

（2）层次单排序及其一致性检验。确定各判断矩阵后，便可以采用和积法来对各个评估因子的权重进行计算，求出各个判断矩阵的最大特征根 $\lambda_{\max}$ 及特征向量，并对各个特征向量进行归一化处理，在此基础上，为了保证层次分析结果的合理性，需要对构造的判断矩阵进行一致性检验（马威等，2009），主要包括以下几个步骤。

第一步，对判断矩阵中的每一列评估因子进行归一化处理，计算公式为 $\overrightarrow{b_{ij}} = \dfrac{b_{ij}}{\sum\limits_{i=1}^{n} b_{ij}}$。

式中，b_{ij} 表示评估因子标度值，$\overrightarrow{b_{ij}}$ 表示归一化后的评估因子值（$i, j = 1, 2, 3, \cdots, n$）。

第二步，将每一列归一化后的评估因子判断矩阵按照每行进行相加，得到新的 $\overrightarrow{W_i}$ 向量，即 $\overrightarrow{W_i} = \sum\limits_{j=1}^{n} \overrightarrow{b_{ij}} \, \overrightarrow{W_i} = \sum\limits_{j=1}^{n} \overrightarrow{b_{ij}}$（$i, j = 1, 2, 3, \cdots, n$）。

第三步，将第二步得到的 $\overrightarrow{W_i}$ 向量进行归一化处理，即 $W_i = \dfrac{\overrightarrow{W_i}}{\sum\limits_{i=1}^{n} \overrightarrow{W_i}}$（$i, j = 1, 2, 3, \cdots, n$），

所得到的 W_i 向量即为需要求的特征向量。

第四步，根据上述步骤的计算结果，计算判断矩阵的最大特征根 $\lambda_{\max}$，即 $\lambda \sum\limits_{i=1}^{n} \dfrac{[BW]_i}{n W_{i\max}}$

（刘涛等，2008；马威等，2009；王学良和李建一，2011）。

第五步，在完成上述步骤的计算后，为了保证排序后判断矩阵的准确性和可信度，必须开展一致性检验，一致性检验指标（CI）的计算公式为 $CI = \dfrac{\lambda_{\max}}{n-1}$，要求 $CI \leqslant 0.10$。通常情况下，判断矩阵的阶数越大，决策者越难以判断一致性。因此，当 $n > 3$ 时，需要引用平均随机一致性指标 RI，6 阶以内的判断矩阵 RI 值见表 2-5。计算 $CR = \dfrac{CI}{RI}$，进行判断矩阵的一致性检验，通常认为，当 $CR < 0.1$ 时，判断矩阵具有很好的一致性，判断合理；当 $CR = 0.1$ 时，判断矩阵的一致性较好，判断较为合理；当 $CR > 0.1$ 时，判断矩阵没有通过一致性检验，需要对判断矩阵的评估因子标度值不断进行修正，直到符合一致性原则为止（付奇等，2012）。

表 2-5 1～6 阶平均随机一致性指标 RI

指标	矩阵阶数					
	1	2	3	4	5	6
RI	0	0	0.58	0.90	1.12	1.24

（3）层次总排序及其一致性检验。通过上述计算可以得到一层评估因子对于上一层各个评估因子的权重向量，最终得到各个评估因子对于目标层的排序权重，给出泥石流灾害各个危险性评估因子最优的权重。如果条件层包含 m 个条件即 $B_1, B_2, B_3, \cdots, B_m$，

它们的层次单排序的权重分别为 b_1, b_2, b_3, …, b_m, 因子层包含 n 个因子即 C_1, C_2, C_3, …, C_n, 它们对于条件层 B 的层次单排序的权重分别为 c_{11}, c_{12}, c_{13}, …, c_{nm}, 那么因子层的总排序权重 P_i 的计算方法如式（2-2）所示，因子层总排序计算见表 2-6（刘涛等，2008；马威等，2009）。

$$P_i = \sum_{j=1}^{m} b_j c_{ij} \tag{2-2}$$

表 2-6　因子层总排序计算

	B_1	B_2	B_3	…	B_m	C 层总排序权重
	b_1	b_2	b_3	…	b_m	
C_1	c_{11}	c_{12}	c_{13}	…	c_{1m}	$P_1 = \sum_{j=1}^{m} b_j c_{1j}$
C_2	c_{21}	c_{22}	c_{23}	…	c_{2m}	$P_2 = \sum_{j=1}^{m} b_j c_{2j}$
C_3	c_{31}	c_{32}	c_{33}	…	c_{3m}	$P_3 = \sum_{j=1}^{m} b_j c_{3j}$
⋮	⋮	⋮	⋮	⋮	⋮	⋮
C_n	c_{n1}	c_{n2}	c_{n3}	…	c_{nm}	$P_n = \sum_{j=1}^{m} b_j c_{nj}$

层次总排序也必须要经过一致性检验，检验的基本顺序是从高层到低层，如果因子层中的各个评估因子对于条件层 B 的层次单排序的一致性指标为 CI_j，相对应的平均随机一致性指标为 RI_j，那么总排序的随机一致性比率 CR 计算方法如下（储敏，2005；马威等，2009）：

$$CR = \frac{\sum_{j=1}^{m} b_j CI_j}{\sum_{j=1}^{m} b_j RI_j} \tag{2-3}$$

一般情况下，当 CR＜0.1 时，层次总排序的结果具有很好的一致性；当 CR ＝ 0.1 时，层次总排序的结果具有较好的一致性；当 CR＞0.1 时，层次总排序的结果没有通过一致性检验，需要重新对判断矩阵的评估因子标度值进行修正，直到符合一致性原则为止（刘涛等，2008）。

2）泥石流灾害整体性危险性评估模型的建立

基于层次分析法得到泥石流灾害各个危险性评估因子的权重后，选用线性综合评判法构建泥石流灾害危险性评估函数，即危险性指数为泥石流灾害各个危险性评估因子的分值与其权重的乘积之和，计算公式如下（刘希林等，2006）：

$$H = \sum_{i=1}^{n} w_i x_i \qquad (2\text{-}4)$$

式中，H 表示危险性指数；w_i 表示评估因子权重；x_i 表示评估因子分值。

2. 泥石流灾害整体性易损性评估模型

泥石流灾害易损性采用刘希林提出的单沟泥石流灾害易损性评估模型进行计算，此评估模型充分考虑了人口、经济两大要素，具体模型公式如下（刘希林，2010；李欣杰，2014）：

$$\begin{cases} V_{单} = \sqrt{\dfrac{\left(FV_{1单} + FV_{2单}\right)}{2}} \\[4pt] FV_{1单} = \dfrac{1}{1 + e^{-1.25\left(\log V_{1单} - 2\right)}} \\[4pt] FV_{2单} = 1 - e^{-0.0035 V_{2单}} \\[4pt] V_{1单} = I + E + L_{单} \\[4pt] V_{2单} = \dfrac{(a+b+r)D}{3} \\[4pt] I = I_1 + I_2 + I_3 \\[4pt] E = (E_1 + E_2 + E_3)N \\[4pt] L_{单} = \sum_{i=1}^{4} B_i \times A_i \times 100 \end{cases} \qquad (2\text{-}5)$$

式中，$V_{单}$ 表示单沟泥石流灾害易损性；$V_{1单}$ 表示财产指标，万元；$V_{2单}$ 表示人口指标，人/km^2；$FV_{1单}$ 表示 $V_{1单}$ 转换函数赋值，取值范围为 0～1；$FV_{2单}$ 表示 $V_{2单}$ 转换函数赋值，取值范围为 0～1；I 表示物质易损性指标，万元，包括 I_1、I_2、I_3；E 表示经济易损性指标，万元，包括 E_1、E_2、E_3；N 表示总人口数；$L_{单}$ 表示土地资源价值，万元；A_i 表示各种土地资源的面积，km^2；B_i 表示各种土地资源的基价，元/m^2；D 表示人口密度，人/km^2；a 表示老人和儿童的比例；b 表示只有小学以下文化的人口比例；r 表示人口正常率，‰。

3. 泥石流灾害整体性风险评估及风险等级划分

在确定泥石流灾害危险性和易损性后便可计算出风险性，风险性等级由危险性和易损性的等级共同决定，依据布拉德福定律中的分区方法，在 0～1 内将易损性、危险性分别等分为 5 个等级，依据式（2-1）便可生成风险性的 5 个等级，具体见表 2-7（刘希林和莫多闻，2002）。

表 2-7　泥石流灾害整体性风险评估等级划分

风险性	风险分级	具体描述
0～0.04	极低风险	泥石流灾害危险性和易损性都很低，可以安全地进行人类活动以及经济开发
0.04～0.16	低风险	轻度遭受泥石流危害，受灾区域内的基础设施和经济条件相对于极低风险区已有所提高，承受风险的能力也随之提高

风险性	风险分级	具体描述
0.16~0.36	中等风险	中度遭受泥石流危害,易损性中度,适宜开展生产活动,但应充分考虑泥石流的防御措施并强化风险管理
0.36~0.64	高风险	泥石流灾害的危险性和易损性较高,潜在发生的泥石流规模较大,频率也较高,一旦发生泥石流灾害,人员生命财产损失较大
0.64~1.00	极高风险	泥石流灾害的危险性和易损性极高,一旦发生泥石流灾害,将造成严重的危害,故在风险降低之前不宜进行大规模生产活动

4. 泥石流灾害整体性风险评估步骤

通过上述对泥石流灾害风险性评估的研究,设计如图2-8所示的泥石流灾害整体性风险评估流程,主要包括以下几个步骤。

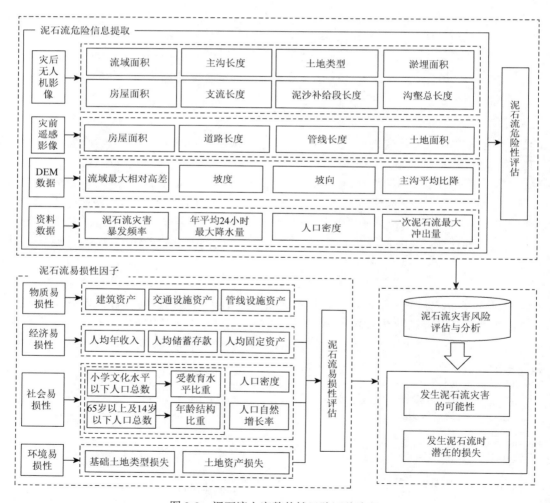

图 2-8　泥石流灾害整体性风险评估流程

第一步，通过对泥石流灾害区域灾前、灾后高分辨率遥感影像的判读和解译，获得灾害区域的流域面积、主沟长度、支流长度、土地类型、淤埋面积以及房屋面积、道路长度等参数信息。

第二步，依据受灾区域 DEM 数据获取流域内的最大相对高差，并通过实地调查以及查找灾害区域的历史文献资料，获得一次泥石流最大冲出量、泥石流灾害暴发频率、主沟弯曲度系数、年平均 24 小时最大降水量和人口密度等参数信息。

第三步，根据第一步和第二步获得的数据对泥石流灾害危险性进行评估，并按照布拉德福定律中的分区方法确定泥石流灾害危险性等级。

第四步，查找受灾区域的人口年龄构成比例、受教育程度、收入状况以及各种土地资源的基价，计算泥石流灾害易损性，并按照布拉德福定律中的分区方法确定泥石流灾害易损性等级。

第五步，依据泥石流灾害风险性模型计算受灾区域的风险性，按照表 2-7 预测受灾区域的风险性等级，并根据风险评估结果进行预案的制定。

2.3.2　泥石流灾害精细化风险评估

通过泥石流灾害整体性风险评估可简单地对单沟泥石流灾害风险性进行量化，但若要进一步实现灾害应急预案和减灾工程的设计，则需要充分考虑泥石流动力学过程，精确地对泥石流灾害的破坏能力及承灾体可能会遭受的损失进行估算（刘光旭等，2012）。泥石流灾害的破坏作用主要表现为冲击作用和淤埋作用，流速是确定泥石流冲击作用的关键参数，泥深反映受灾区域被淤埋的程度，灾害损失情况主要考虑受灾范围以及承灾体受损程度、综合价值等（崔鹏和邹强，2016）。数值模拟是重现泥石流灾害发生、发展的有效方法，能够较好地反映泥石流随时间演进的动态过程，并可以准确地得到受灾范围内泥石流流速和泥深的时空分布（邵颂东和王礼先，1999）。因此，本书采用基于数值模拟的泥石流灾害风险评估方法，综合考虑泥深、流速、承灾体价值等参数，进行泥石流灾害风险评估。在此基础上，本书还将泥石流灾害风险评估与虚拟地理环境框架进行紧密集成，实现泥石流灾害演进过程模拟、空间分析与可视化集成，并进行流程化处理，实现多种情景下交互动态的泥石流灾害风险评估。

1. 泥石流灾害精细化危险性评估模型

泥石流破坏作用主要包括大量泥沙产生的淤埋危害以及对基础设施的冲击危害等（Cui et al.，2013；崔鹏和邹强，2016），基于泥石流灾害模拟计算可以精确地得到各个网格单元内的泥深和流速，通常选取最大淤埋泥深和最大动能两个参数指标来综合表征泥石流的淤埋危害和冲击破坏能力。在此基础上，基于 GIS 空间分析方法，对泥石流灾害危险性进行分区。

1）泥石流最大淤埋泥深计算

在泥石流数值模拟计算过程中，每个格网的泥深可以由该格网内的流团颗粒数乘以单个流团的体积再除以格网的面积得到，计算公式如下（Cui et al.，2013）：

$$H_{\mathrm{d}} = \frac{\max\limits_{t>0}(N_{i,j}\Delta V)}{A} \tag{2-6}$$

式中，H_{d} 表示泥石流格网的最大淤埋泥深，m，一般情况下，淤埋泥深越大表明泥石流灾害越严重；$N_{i,j}$ 表示格网（i,j）内流团颗粒数；ΔV 表示单个流团颗粒体积，m³；A 表示每个格网单元面积，m²；t 表示泥石流灾害数值模拟时间，s。

2）泥石流冲击破坏能力计算

由泥石流灾害演进过程模拟中的速度计算各个格网的动能，得到整个过程中每个格网的最大动能，以反映整个区域内泥石流冲击作用产生的危险性，计算公式如下（Cui et al.，2013；崔鹏和邹强，2016）：

$$\begin{cases} H_{\mathrm{e}} = A \times \max\limits_{t>0}\left[(u^2+v^2)h\rho\right] \\[2mm] u = \dfrac{1}{N_{i,j}}\sum\limits_{k=1}^{N_{i,j}} u_k \\[2mm] v = \dfrac{1}{N_{i,j}}\sum\limits_{k=1}^{N_{i,j}} v_k \end{cases} \tag{2-7}$$

式中，H_{e} 表示每个格网的最大动能，N/m；A 表示每个格网单元面积，m²；t 表示泥石流灾害数值模拟时间，s；u 和 v 分别表示 x 方向、y 方向的流速，m/s；h 表示泥石流实时泥深，m；ρ 表示泥石流密度，kg/m³；$N_{i,j}$ 表示格网（i,j）内流团颗粒数；u_k、v_k 分别表示格网（i,j）内的流团颗粒 k 分别在 x 方向、y 方向的流速，m/s。

3）泥石流灾害危险性计算

整个泥石流灾害区域内各个格网的危险性即为各格网内最大淤埋泥深与最大动能之和，由于最大淤埋泥深和最大动量的量纲不一致，为了便于计算，需要分别将最大淤埋泥深和最大动量进行归一化处理，具体计算公式如下（Zou et al.，2016）：

$$\begin{cases} H = H'_{\mathrm{d}} + H'_{\mathrm{e}} \\[2mm] H'_{\mathrm{d}} = \dfrac{H_{\mathrm{d}} - H_{\mathrm{d_{min}}}}{H_{\mathrm{d_{max}}} - H_{\mathrm{d_{min}}}} \\[2mm] H'_{\mathrm{e}} = \dfrac{H_{\mathrm{e}} - H_{\mathrm{e_{min}}}}{H_{\mathrm{e_{max}}} - H_{\mathrm{e_{min}}}} \end{cases} \tag{2-8}$$

式中，H 表示各个格网的泥石流危险性；H_{d} 表示泥石流格网的最大淤埋泥深，m；H'_{d} 表示归一化后的最大淤埋泥深；$H_{\mathrm{d_{min}}}$ 表示整个区域内各格网中最大淤埋泥深的最小值；$H_{\mathrm{d_{max}}}$ 表示整个区域内各格网中最大淤埋泥深的最大值；H_{e} 表示每个格网的最大动能，N/m；$H_{\mathrm{e_{min}}}$ 表示整个区域内各格网中最大动能的最小值；$H_{\mathrm{e_{max}}}$ 表示整个区域内各格网中最大动能的最大值；H'_{e} 表示归一化后的最大动能。

2. 泥石流灾害精细化易损性评估模型

泥石流灾害易损性分析即针对受灾区域不同地物的承灾能力进行综合分析，地物承灾能力主要取决于地物的综合价值、地物相对于泥石流灾害源头的位置、地物几何高度以及地物的损毁难易程度（Fuchs et al.，2012）。承灾体的易损性计算公式如下（Cui et al.，2013；崔鹏和邹强，2016）：

$$V = V(\mu) \times C \tag{2-9}$$

式中，V 表示承灾体的易损性；$V(\mu)$ 表示承灾体的综合价值；C 表示承灾体的脆弱性指数。其中，承灾体的综合价值可以由承灾体单价值 P 与承灾体面积 N 相乘获得（Zou et al.，2016），即

$$V(\mu) = P \times N \tag{2-10}$$

承灾体的脆弱性指数表示泥石流灾害发生时承灾体损坏的难易程度，主要与承灾体自身结构、高度、相对于泥石流的位置和受损的方式等有关。一般用 0～1 表示，数值越大表示承灾体越容易被损毁。

对于被淤埋的承灾体，脆弱性指数可以通过承灾体的几何高度和泥石流灾害的淤埋泥深进行计算（Cui et al.，2013），即

$$C_\mathrm{d} = \frac{H_\mathrm{d}}{H_\mathrm{c}} \tag{2-11}$$

式中，C_d 表示承灾体的脆弱性指数；H_d 表示泥石流灾害的淤埋泥深；H_c 表示承灾体的几何高度。若 $\frac{H_\mathrm{d}}{H_\mathrm{c}} \geqslant 1$，那么就认为承灾体已经完全被泥石流淤埋，此时 C_d 的取值为 1。

对于受泥石流冲击作用危害的承灾体，脆弱性指数可以由泥石流灾害最大动能与承灾体自身的结构强度的比值来确定（Cui et al.，2013），即

$$C_\mathrm{e} = \frac{H_\mathrm{e}}{H_\mathrm{f}} \tag{2-12}$$

式中，C_e 表示承灾体的脆弱性指数；H_e 表示泥石流灾害的最大动能；H_f 表示承灾体自身的结构强度。若 $\frac{H_\mathrm{e}}{H_\mathrm{f}} \geqslant 1$，那么就认为承灾体已经完全被泥石流损毁，此时 C_e 的取值为 1。

3. 泥石流灾害精细化风险评估及风险等级划分

泥石流灾害风险性可以由危险性和易损性计算得到，由于危险性指数和易损性指数的量纲存在明显差异，因此，必须将两者进行归一化处理，归一化处理公式如下（Cui et al.，2013；Zou et al.，2016）：

$$H_i' = \frac{H_i - H_{min}}{H_{max} - H_{min}}$$

$$V_i' = \frac{V_i - V_{min}}{V_{max} - V_{min}}$$

（2-13）

式中，H_i' 表示归一化后的危险性；H_i 表示初始的危险性；H_{max} 表示整个区域格网内危险性的最大值；H_{min} 表示整个区域格网内危险性的最小值；V_i' 表示归一化后的易损性；V_i 表示初始的易损性；V_{max} 表示整个区域格网内易损性的最大值；V_{min} 表示整个区域格网内易损性的最小值。

根据概率统计方法对泥石流风险性分区指标作等方差划分，将风险性划分为低度风险、中度风险和高度风险，具体公式如下（Cui et al.，2013）：

$$M(R) + (i-1)V(R) < r < M(R) + iV(R)$$

（2-14）

式中，$M(R)$、$V(R)$ 分别表示风险性的均值和方差（i 取整数），若格网的风险性小于 $M(R)$，则泥石流灾害的风险等级为低度风险；如果格网的风险性落在区间 $[M(R)，M(R) + V(R)]$，则泥石流灾害的风险等级为中度风险；若格网的风险性大于 $M(R) + V(R)$，那么泥石流灾害的风险等级为高度风险。各个等级风险特征描述见表 2-8（崔鹏和邹强，2016）。

表 2-8　泥石流灾害风险等级划分及特征描述

风险编号	风险等级	空间分布与特征表现
I	低度风险	泥石流灾害分布较少且规模小，承灾体遭受轻度损害，易损性低，综合风险性较低，需要采取一定的防御措施
II	中度风险	泥石流灾害分布较为广泛且规模较大，承灾体遭受较强危害，易损性较高，灾害风险性中等，为了保证人员生命财产安全，需要部署灾害防治措施
III	高度风险	泥石流灾害分布广泛且规模巨大，承灾体遭受的泥石流灾害破坏力强，易损性高，灾害风险性高，严重影响人们的生活和生产，需要实施减灾工程，加强风险管理

4. 泥石流灾害精细化风险评估步骤

图 2-9 为泥石流灾害精细化风险评估流程。首先，用户设置不同情形下的模型计算参数，开展泥石流灾害演进过程模拟，得到泥深、流速、淤埋面积、最大淤埋泥深、最大动能等的模拟结果值，在此基础上，以直观的方式实现泥石流灾害模拟结果的浏览和展示。其次，利用泥石流灾害风险评估模型计算出每个评估单元的危险性和易损性后得到风险性，利用概率统计方法将泥石流风险性分区指标作等方差划分，风险划分为高度风险、中度风险和低度风险。最后，通过交互查询功能定量查询不同风险级别下受灾人口、受灾居民地和受灾道路等灾情信息，根据风险评估分析结果进行泥石流灾害应急处置与救灾预案的制定。

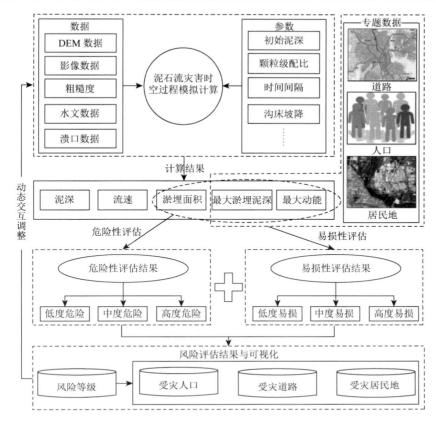

图 2-9　泥石流灾害精细化风险评估流程

参 考 文 献

陈果, 贾苍琴, 2009. 沟谷泥石流灾害风险评价[J]. 内蒙古大学学报（自然科学版）, 40（2）: 233-238.

陈鹏, 张立峰, 孙滢悦, 等, 2014. 哈尔滨市道里区基于 GIS 网格尺度的城市暴雨积涝灾害风险评价[J]. 浙江农业科学（10）: 1610-1615.

储敏, 2005. 层次分析法中判断矩阵的构造问题[D]. 南京: 南京理工大学.

崔鹏, 邹强, 2016. 山洪泥石流风险评估与风险管理理论与方法[J]. 地理科学进展, 35（2）: 137-147.

邓吉秋, 鲍光淑, 刘斌, 2003. 基于 GIS 的层次分析法的应用[J]. 中南工业大学学报（自然科学版）, 34（1）: 1-4.

丁文秀, 赵伟, 左德霖, 等, 2011. 基于土地利用分类模型和重力模型耦合的人口分布模拟: 以武汉市人口数据为例[J]. 大地测量与地球动力学, 31（S1）: 127-131.

付奇, 何政伟, 薛东剑, 2012. 层次分析法在炉霍县泥石流易发性评价中的应用[J]. 地理空间信息, 10（6）: 139-141.

胡浩鹏, 2007. 北京市泥石流灾害风险评估指标体系及方法研究[D]. 北京: 中国地质大学.

贾涛, 2015. 成兰铁路松潘段泥石流灾害风险评估[D]. 成都: 成都理工大学.

李军, 周成虎, 2000. 地球空间数据集成多尺度问题基础研究[J]. 地球科学进展, 15（1）: 48-52.

李军, 庄大方, 2002. 地理空间数据的适宜尺度分析[J]. 地理学报, 57（S1）: 52-59.

李军, 周成虎, 2003. 基于栅格 GIS 滑坡风险评价方法中格网大小选取分析[J]. 遥感学报, 7（2）: 86-92.

李欣杰, 2014. 大东沟泥石流风险性评价研究[D]. 长春: 吉林大学.

刘光旭, 戴尔阜, 吴绍洪, 等, 2012. 泥石流灾害风险评估理论与方法研究[J]. 地理科学进展, 31（3）: 383-391.

刘厚成，谷秀芝，2010. 基于可拓层次分析法的泥石流危险性评价研究[J]. 中国地质灾害与防治学报，21（3）：61-66.

刘涛，张洪江，吴敬东，等，2008. 层次分析法在泥石流危险度评价中的应用：以北京市密云县为例[J]. 水土保持通报，28（5）：6-10.

刘希林，2000a. 区域泥石流风险评价研究[J]. 自然灾害学报，9（1）：54-61.

刘希林，2000b. 泥石流风险区划研究[J]. 地质力学学报，6（4）：37-42.

刘希林，2010. 沟谷泥石流危险度计算公式的由来及其应用实例[J]. 防灾减灾工程学报，30（3）：241-245.

刘希林，唐川，1995. 泥石流危险性评价[M]. 北京：科学出版社.

刘希林，莫多闻，2002. 泥石流风险及沟谷泥石流风险度评价[J]. 工程地质学报，10（3）：266-273.

刘希林，赵源，李秀珍，等，2006. 四川德昌县典型泥石流灾害风险评价[J]. 自然灾害学报，15（1）：11-16.

马威，林建南，汤连生，等，2009. 基于层次分析法的区域泥石流防治决策模型[J]. 灾害学，24（2）：21-24.

麦华山，2008. 高速公路泥石流灾害风险评估研究[D]. 广州：中南大学.

邵颂东，王礼先，1999. 北京山区泥石流运动数值模拟及危险区制图[J]. 北京林业大学学报，21（6）：9-16.

史明远，2016. 北京市南窖小流域泥石流灾害预测预警研究[D]. 长春：吉林大学.

舒和平，孙爽，马金珠，等，2016. 甘肃省南部单沟泥石流灾害风险评估[J]. 山地学报，34（3）：337-345.

孙滢悦，陈鹏，张立峰，等，2014. 基于网格尺度的区域旅游资源灾害风险评价研究[J]. 浙江农业科学，1（6）：914-918.

铁永波，2006. 城镇泥石流灾害危险度评价与应急预案研究：以昆明市东川城区为例[D]. 昆明：云南师范大学.

铁永波，唐川，2006. 层次分析法在单沟泥石流危险度评价中的应用[J]. 中国地质灾害与防治学报，17（4）：79-84.

王学良，李建一，2011. 基于层次分析法的泥石流危险性评价体系研究[J]. 中国矿业，20（10）：113-117.

熊俊楠，2013. 基于遥感与 GIS 的精细化区域泥石流风险评估[D]. 北京：中国科学院大学.

杨麒麟，2012. 北京怀柔长园沟泥石流风险评价与管理研究[D]. 北京：北京林业大学.

杨秀元，蔡玲玲，田运涛，2014. 四川汶川七盘沟泥石流现状与危险性评价[J]. 人民长江，45（S1）：60-63.

袁海红，高晓路，戚伟，2016. 城市地震风险精细化评估：以北京海淀区为例[J]. 地震地质，38（1）：197-210.

曾晓丽，2015. 基于数值模拟的白沙河流域干沟泥石流风险评价[D]. 绵阳：西南科技大学.

张斌，康丽丽，姜瑜君，等，2013. 基于精细网格的灾害风险评估技术方法：201210549077.5[P]. 2013-03-13.

钟燃，2013. 基于元胞自动机和多智能体的溃决时空分析模型[D]. 成都：西南交通大学.

钟燃，朱军，李毅，等，2013. 基于层次分析法的泄洪区选址及模拟分析研究[J]. 自然灾害学报，22（4）：82-91.

邹杨娟，2016. 泥石流灾害风险定量评估：以四川省为例[D]. 成都：电子科技大学.

Cui P，Zou Q，Xiang L Z，et al.，2013. Risk assessment of simultaneous debris flows in mountain townships[J]. Progress in Physical Geography，37（4）：516-542.

Fuchs S，Ornetsmüller C，Totschnig R，2012. Spatial scan statistics in vulnerability assessment：an application to mountain hazards[J]. Natural Hazards，64（3）：2129-2151.

Zou Q，Cui P，Zeng C，et al.，2016. Dynamic process-based risk assessment of debris flow on a local scale[J]. Physical Geography，37（2）：132-152.

第3章 基于多格网尺度的泥石流灾害模拟并行优化

泥石流通常以多相流体的形式呈现，它的动力学过程相对比较复杂，需要经过假设简化来建立其运动方程（崔鹏和邹强，2016）。流团模型能够适应复杂的地形，计算堆积扇上的泥深和速度，判定灾害危险范围和受灾情况（Wei et al.，2006a）。然而，流团模型计算过程中涉及的参数繁多且复杂，需要进行大量的数据处理与计算。此外，众多的流团颗粒每次迭代计算耗时过长，进一步降低了模型计算效率。因此，本书将流团模型紧密地集成到虚拟地理环境框架中，实现了泥石流灾害模型计算参数的可视化选择、配置以及演进过程模拟的交互动态调整，并设计了基于 OpenMP 多核计算的泥石流灾害多格网尺度模拟优化方法，以提高泥石流数值模拟计算效率。

3.1 泥石流数值模拟模型

3.1.1 运动方程

流团模型是由王光谦等（1998）基于 Lagrangian-Euler 数值方法提出的，模型将泥石流体当作伪一相处理，并将其视为大量体积相同、形状一致的流团的集合体，流团之间的运动是连续且无间隙的（O'Brien et al.，1993；Wei et al.，2006b；曾超，2014）。通过流团离散运动方程，可计算出每个流团在每一个时间步长内的位移和速度，在进行大量的颗粒计算之后，统计所有颗粒的相关信息便可以得出整个流域泥石流的分布情况。

$$\begin{cases} \dfrac{Du}{Dt} = gS_{sx} - gS_{fx} \\ \dfrac{Dv}{Dt} = gS_{sy} - gS_{fy} \end{cases} \tag{3-1}$$

式中，S_{sx} 与 S_{sy} 分别表示 x 方向和 y 方向上泥石流堆积区底面坡降，‰；g 表示重力加速度，m/s²；u 表示 x 方向的速度分量，m/s；v 表示 y 方向的速度分量，m/s；S_{fx} 和 S_{fy} 分别表示 x 方向和 y 方向上泥石流的摩阻坡降，可以采用 O'Brien 等提出的摩阻坡降公式计算得到（O'Brien et al.，1993；韦方强等，2003）。

$$\begin{cases} S_{fx} = \dfrac{\tau_B}{\gamma_m h}\mathrm{sgn}(u) + \dfrac{2\mu_B u}{\gamma_m h^2} + \dfrac{k_c u\sqrt{u^2+v^2}}{gh} \\ S_{fy} = \dfrac{\tau_B}{\gamma_m h}\mathrm{sgn}(v) + \dfrac{2\mu_B v}{\gamma_m h^2} + \dfrac{k_c v\sqrt{u^2+v^2}}{gh} \end{cases} \tag{3-2}$$

式中，τ_B 表示屈服应力，N/m²；γ_m 表示泥石流密度，t/m³；h 表示泥石流淤埋深度，m；u 表示 x 方向的速度分量，m/s；v 表示 y 方向的速度分量，m/s；g 表示重力加速度，m/s^2；μ_B表示泥石流黏性系数，N·s/m^2；sgn 表示符号函数；$k_c = g / C^2$ 表示摩擦系数 $\left(C = \dfrac{1}{n_c} h^{\frac{1}{6}}, \ C \text{表示谢才系数，} n_c \text{表示粗糙度系数} \right)$。

3.1.2 特征参数的确定

1. 屈服应力 τ_B 的计算

泥石流屈服应力的计算应充分考虑泥石流颗粒粒径的大小与级配组成的影响，可以通过泥石流浆体的体积浓度、极限浓度以及临界浓度计算得到（费祥俊，1991a；王光谦等，1998）。

$$\begin{cases} \tau_B = 0.098\exp\left(B\dfrac{C_f - C_{f0}}{C_{fm}} + 1.5 \right) \\ C_{f0} = 1.26C_{fm}^{3.2} \\ C_{fm} = 0.92 - 0.21g\sum\dfrac{p_i}{d_i} \end{cases} \tag{3-3}$$

式中，B 表示常数，一般取值为 8.45；C_f、C_{fm} 分别表示泥石流浆体的体积浓度以及极限浓度，C_{f0} 表示泥石流的临界浓度，极限浓度 C_{fm} 可以根据泥石流浆体中固体颗粒的级配组成情况计算得到；d_i 与 p_i 分别表示泥石流浆体颗粒级配曲线中某一粒径组的平均直径及相应的质量百分数，d_i 的单位为 mm；g 表示重力加速度。

2. 黏性系数 μ_B 与整体黏性系数 μ_m 的计算

根据颗粒分界粒径可以将泥石流体划分为固体、液体两部分，其中液体部分的黏性系数表达式如下（费祥俊，1991；王光谦等，1998a）：

$$\begin{cases} \dfrac{\mu_B}{\mu_0} = \left(1 - k\dfrac{C_f}{C_{fm}} \right)^{-2.5} \\ k = 1 + 2.0\left(\dfrac{C_f}{C_{fm}} \right)^{0.3}\left(1 - \dfrac{C_f}{C_{fm}} \right)^4 \end{cases} \tag{3-4}$$

式中，μ_B 表示泥石流浆体的黏性系数；μ_0 表示清水在同等温度条件下的黏性系数，μ_0 在 25℃时取值为 0.000839；C_f、C_{fm} 分别表示泥石流浆体的体积浓度和极限浓度；k 表示固体颗粒浓度的修正系数。

在此基础上，综合考虑粒径大于颗粒分界粒径的粗颗粒的影响，整体黏性系数计算公式如下（费祥俊，1991；王光谦等，1998）：

$$\dfrac{\mu_m}{\mu_B} = \left(1 - \dfrac{C_s}{C_{dm}} \right)^{-2.5} \tag{3-5}$$

式中，μ_m 表示泥石流混合物的整体黏性系数；μ_B 表示泥石流浆体的黏性系数；C_s 表示泥石流的固体体积浓度；C_{dm} 表示泥石流混合物的整体极限浓度。泥石流颗粒越细，C_{dm}

越小，对于黏性泥石流来说，C_{dm} 一般取 0.8。

泥石流的固体体积浓度 C_s、液体体积浓度 C_f 可以采用式（3-6）进行计算（费祥俊，1991；王光谦等，1998）：

$$\begin{cases} C_s = C_m \dfrac{V_s}{V_s + V_f} \\ C_f = \dfrac{C_m - C_s}{1 - C_s} \end{cases} \tag{3-6}$$

式中，C_m 表示泥石流总的固体体积浓度；V_f 表示固体颗粒级配曲线中粒径在分界粒径以下的细颗粒的体积百分数；V_s 表示固体颗粒级配曲线中粒径在分界粒径以上的粗颗粒的体积百分数。

3. 泥石流流量及一次泥石流冲出总量的计算

基于形态调查法，泥石流流量可以由泥石流洪峰断面面积以及泥石流断面的平均流速计算得到，计算公式如下（马煜等，2011）：

$$Q_c = W_c V_c \tag{3-7}$$

式中，Q_c 表示泥石流流量；W_c 表示泥石流洪峰断面面积，可以由现场实测得到；V_c 表示泥石流断面平均流速。

在此基础上，可得一次泥石流冲出总量的计算公式如下（余斌，2008；张健楠等，2010；马煜等，2011）：

$$Q = 0.2 T Q_c \tag{3-8}$$

式中，Q 表示一次泥石流冲出总量；T 表示泥石流的持续时间；Q_c 表示泥石流流量。

4. 堆积扇入口处格网泥深的计算

根据某一特定入口处的流量过程线可以得到各个时间步长内该入口处的流量，在此基础上，依据格网的面积可以得到任意时刻入口处的泥深，计算公式如下（胡凯衡等，2003；庄东晔等，2007）：

$$H = \frac{Q_n}{A} \tag{3-9}$$

式中，H 表示入口处格网某时刻的泥深；Q_n 表示该时刻通过该格网的流量；A 表示该格网的面积。

5. 流团颗粒初始速度的计算

某时刻泥流团在某一特定入口处的初始流速可以根据式（3-10）进行计算（邵颂东等，1997a；庄东晔等，2007）：

$$U = \frac{1}{n_c} H_c^{\frac{2}{3}} I_d^{\frac{1}{2}} \tag{3-10}$$

式中，U 表示泥石流流团颗粒的初始流速；n_c 表示泥石流的粗糙度；H_c 表示泥石流的流深；I_d 表示泥石流沟床比降。

3.1.3 面向对象的算法设计

在泥石流运动过程中，可将泥石流看成大量小颗粒在运动，每个流团颗粒在各个时间步长内具有一定的位移和速度。将整个受灾区域划分为多个正方形格网并进行空间化处理，然后计算每个时间步长内每个格网的泥深和速度，依次进行迭代计算，从而可以得到整个受灾区域的泥石流空间分布。当格网内某个流团的速度小于设定的阈值时，则认为流团停止运动，相应地，该格网的高程将会增加。因此，在泥石流灾害模拟计算过程中，可设计流团类和格网类，通过将流团相关计算和格网相关计算进行封装来构建面向对象的泥石流灾害数值模拟，通过对象函数对各属性数据进行更新（庄东晔等，2007）。

流团类主要用来描述单个流团的运动信息，需在整个计算时间内对流团的相关信息进行实时更新，流团类的结构设计如图 3-1 所示（庄东晔等，2007）。流团类的计算主要包括流团速度、相对位移、空间位置、重力坡降、摩阻坡降等方面。

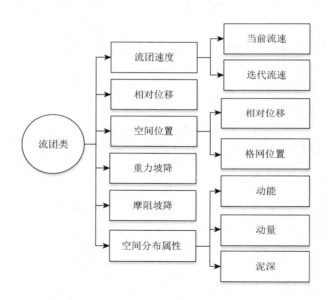

图 3-1 流团类结构设计图

1. 单个流团速度的计算

单个流团在堆积扇 x 方向、y 方向上的速度计算方法见式（3-11）（邵颂东和王礼先，1999；胡凯衡等，2003；杨雪和管群，2013）。

$$\begin{cases} \dfrac{u_k^{n+1} - u_k^n}{\Delta t} = gS_{sx}^{n,k} - gS_{fx}^{n,k} \\[2mm] \dfrac{v_k^{n+1} - v_k^n}{\Delta t} = gS_{sy}^{n,k} - gS_{fy}^{n,k} \end{cases}$$

（3-11）

式中，u_k^{n+1}、v_k^{n+1} 分别表示 $n+1$ 时刻流团 k 在 x 方向、y 方向上的速度分量；u_k^n、v_k^n 分别表示 n 时刻流团 k 在 x 方向、y 方向上的速度分量；Δt 表示时间步长；$S_{sx}^{n,k}$、$S_{sy}^{n,k}$ 分别表示 n 时刻流团 k 在 x 方向、y 方向上的底面坡降；$S_{fx}^{n,k}$、$S_{fy}^{n,k}$ 分别表示 n 时刻流团 k 在 x 方向、y 方向上的摩阻坡降；g 表示重力加速度。

2. 单个流团位移的计算

单个流团在堆积扇 x 方向、y 方向上的位移计算方法见式（3-12）（邵颂东和王礼先，1999；胡凯衡等，2003；杨雪和管群，2013）。

$$\begin{cases} x_k^{n+1} = x_k^n + \dfrac{u_k^{n+1} + u_k^n}{2}\Delta t \\ y_k^{n+1} = y_k^n + \dfrac{v_k^{n+1} + v_k^n}{2}\Delta t \end{cases} \qquad (3\text{-}12)$$

式中，x_k^{n+1}、y_k^{n+1} 分别表示流团 k 在 $n+1$ 时刻的 x 坐标和 y 坐标；x_k^n、y_k^n 分别表示流团 k 在 n 时刻的 x 坐标和 y 坐标；Δt 表示时间步长；u_k^{n+1}、v_k^{n+1} 分别表示 $n+1$ 时刻流团 k 在 x 方向、y 方向上的速度分量；u_k^n、v_k^n 分别表示 n 时刻流团 k 在 x 方向、y 方向上的速度分量。

根据上述方法可以得到泥流团在整个泥石流运动过程中的运动规律，但由于泥石流呈整体性运动，因此，还需结合格网空间位置的相关参数进行综合分析，主要考虑格网泥深和格网流速，通过这两个参数可得到该网格的动能、动量等参数，格网类的结构设计如图 3-2 所示（庄东晔等，2007）。格网类中的统计数据能为后续的风险评估提供依据，因此，格网类中的统计数据取整个计算时间内的最大值，包括最大速度、最大泥深、最大动能和最大动量，这些属性值在整个泥石流灾害模拟过程中都将进行实时更新。

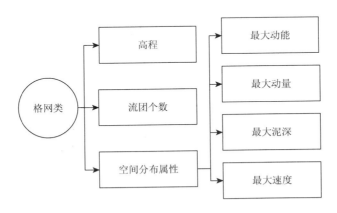

图 3-2　格网类结构设计图

1）格网速度和最大速度的计算

某时刻某格网中的所有流团在 x 方向、y 方向上的合速度的平均值即为格网速度，计算方法见式（3-13）（杨升和管群，2011；杨雪和管群，2013）。

$$\begin{cases} V_k^n = \dfrac{\sqrt{\left(\sum\limits_{i=1}^{w} v_{x_i}\right)^2 + \left(\sum\limits_{i=1}^{w} v_{y_i}\right)^2}}{w} \\[4mm] V_k(\max) = \max\left(\dfrac{\sqrt{\left(\sum\limits_{i=1}^{w} v_{x_i}\right)^2 + \left(\sum\limits_{i=1}^{w} v_{y_i}\right)^2}}{w}\right) \end{cases} \tag{3-13}$$

式中，V_k^n 表示格网 k 在 n 时刻的速度；$V_k(\max)$ 表示整个计算时间内格网 k 的最大速度；v_{x_i}、v_{y_i} 分别表示该格网内第 i 个流团颗粒在 x 方向、y 方向上的速度分量；w 表示这个格网内流团的总个数。

2）格网泥深和最大泥深的计算

用格网内泥石流总体积除以格网面积即可得到格网泥深，其中格网内泥石流总体积为格网内所有流团的体积之和，格网泥深计算公式如下（杨升和管群，2011；杨雪和管群，2013）：

$$\begin{cases} h_k^n = \dfrac{\Delta c w}{s} \\[3mm] h_k(\max) = \max\left(\dfrac{\Delta c w}{s}\right) \end{cases} \tag{3-14}$$

式中，h_k^n 表示格网 k 在 n 时刻的泥深；$h_k(\max)$ 表示整个计算时间内格网 k 的最大泥深；Δc 表示单个流团的体积；w 表示格网 k 内流团的总个数；s 表示格网 k 的面积。

3.1.4　约束条件

1. 初始条件

除了堆积扇入口处的格网，其他格网的泥深和速度在计算开始时都应赋值为零。入口处每个格网内的泥流团颗粒数可以根据该格网内的流量与单个流团体积的比值得到，这些泥流团颗粒都具有同样的初始速度，且平均分布在该格网内（邵颂东等，1997b；胡凯衡等，2003）。

2. 收敛条件和边界条件

在整个泥石流数值模拟计算时间范围内，泥流团收敛条件需符合以下公式（胡凯衡等，2003）：

$$\begin{cases} \max\left|X_k^{n+1} - X_k^n\right| < \dfrac{1}{2}\Delta X \\[3mm] \max\left|Y_k^{n+1} - Y_k^n\right| < \dfrac{1}{2}\Delta Y \end{cases} \tag{3-15}$$

式中，ΔX 和 ΔY 分别表示在 x 方向和 y 方向上的步长；X_k^{n+1}、Y_k^{n+1} 分别表示 $n+1$ 时刻流

团 k 在 x 方向、y 方向上的位移；X_k^n、Y_k^n 分别表示 n 时刻流团 k 在 x 方向、y 方向上的位移。

泥流团在整个运动过程中都不能超出边界，边界的作用主要是改变泥流团的运动方向，当泥流团碰到边界时，仅考虑能量的损失，假定能量损失的结果为泥流团碰到边界后速度比之前减小 50%，方向相反（邵颂东等，1997b）。

3. 计算准则

1）单个流团体积准则

单个流团体积的大小决定了泥石流模拟计算的精度，通常情况下，流团体积越小，计算的准确性越高，但流团体积取值过小会直接影响泥石流模拟计算的效率，因此流团体积不能太小，并且要低于某个最大值，最大值可以采用经验方程式（3-16）进行估计（邵颂东等，1997b；管群和卢晃安，2007）。但流团体积过小也会直接影响泥石流模拟计算的效率。

$$\Delta V \leqslant \frac{1}{10}\Delta X^2 \qquad (3\text{-}16)$$

式中，ΔV 表示单个泥流团体积，m^3；ΔX 表示计算网格单位长，m。

2）流团连续性准则

为了符合泥石流实际流动情况，在整个计算时间内，必须保证有足够多的泥流团，因此，在每个计算网格单元内流团个数必须不少于 40 个（管群和卢晃安，2007）。

3）流团位移准则

为了保证泥石流灾害模拟计算过程的稳定性，单个泥流团在每个时间步长内的位移不应超过网格单位长的 1/4（邵颂东等，1997b；管群和卢晃安，2007），即

$$\frac{\left|\overline{X}_{k,t+1}-\overline{X}_{k,t}\right|}{\Delta X} \leqslant \frac{1}{4} \qquad (3\text{-}17)$$

式中，ΔX 表示计算网格单位长；$\overline{X}_{k,t}$ 表示流团 k 在 t 时刻的位移；$\overline{X}_{k,t+1}$ 表示流团 k 在 $t+1$ 时刻的位移。

3.2　参数可视化配置优化

泥石流灾害演进过程模拟涉及的计算参数繁多，每个参数的获取与计算流程复杂，直接影响了模拟计算的准确性与效率。因此，为了降低集成系统模拟计算的复杂性，提高模型计算的效率与通用性，需要设置参数可视化配置界面，用户只需修改相应的参数便可快速地实现不同区域、不同情景下的泥石流灾害数值模拟计算与分析，并可在模拟过程中交互动态调整不同情景下的模拟参数。

3.2.1　溃口参数计算

在泥石流灾害模拟过程中，溃口参数是很重要的一部分。泥石流溃口处格网行列号

可以通过泥石流溃口处的地理平面坐标以及案例区域的 DEM 格网起始坐标计算得到（Zhu et al.，2015），如图 3-3 所示，图中红色的点表示溃口经过的格网。

$$\begin{cases} col = (x - x') / \text{gridsize} \\ row = \text{TotalRows} - (y - y') / \text{gridsize} \end{cases}$$ （3-18）

式中，x、y 分别表示泥石流溃口处的地理平面坐标；x'、y' 分别表示 DEM 左下角地理平面坐标；TotalRows 表示 DEM 格网的总行数；col 表示格网列号；row 表示格网行号；gridsize 表示格网尺寸大小。

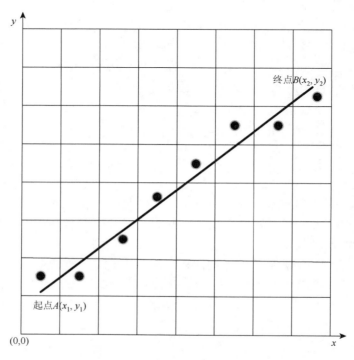

图 3-3　溃口在格网上的示意图

由式（3-18）可计算出溃口两端的格网行列号，即 A 点、B 点的行列号分别为 (I_1, J_1) 和 (I_2, J_2)。在得到溃口两端的格网行列号后，可进一步确定溃口处的中间格网行列号以及溃口处格网的个数。计算出溃口处两端点位置的行数差和列数差，按式（3-19）逐步求出本列中心线与过这两点的直线的交点的行列号（即为直线经过的行列号）。

$$\begin{cases} X = X_{\text{中心线}} \\ Y = (X - X_1)m' + Y_1 \\ m' = \dfrac{Y_2 - Y_1}{X_2 - X_1} \end{cases}$$ （3-19）

式中，X_1、Y_1 表示泥石流溃口处起点的坐标；X_2、Y_2 表示泥石流溃口处终点的坐标；X、Y 表示交点的坐标；$X_{\text{中心线}}$ 表示格网 x 坐标范围中值；m' 表示中心线的斜率。

用户只需指出泥石流溃口的起始位置便可将溃口处所有格网的个数以及行列号以文

件的形式保存到指定的文件夹中，这提高了模型参数的处理效率，简化了数据处理流程。

3.2.2 粗糙度系数计算

粗糙度系数也是泥石流灾害模拟计算过程中的一个重要参数，其与土地利用分类关系密切，不同土地类型的粗糙度系数不同。首先，基于泥石流案例区域的高分辨率遥感影像，采用监督分类方法和非监督分类方法对土地利用进行分类。其次，综合考虑曼宁糙率系数（用于描述地表水流运动的重要参数）、案例区域的地形地貌以及河床河道的复杂性（表 3-1 和表 3-2），并参考相关文献资料，对案例区域地表的粗糙度系数进行大致估算。最后，得出案例区域不同地物的粗糙度系数（许有鹏等，2005；Hossain et al.，2009；徐慧敏，2010；张红艳和许晓红，2012）。

表 3-1 地表覆盖物粗糙度

序号	地物覆盖特征	粗糙度
1	植被	0.065
2	居民地	0.070
3	裸地	0.035
4	水田	0.050
5	旱田	0.060

表 3-2 不同特性的河床的粗糙度

序号	河床特性	河床粗糙度
1	顺直、清洁、水流通畅的河道	0.025
2	一般河道（有少量石块或杂草）	0.035
3	不规则、弯曲的河道，石块或水草较多	0.040
4	淤塞、有杂草和灌木或不平整河滩的河道	0.067
5	杂草丛生，水流翻腾	0.087
6	多树、河滩宽广、具有较大面积死水区或沼泽型河流	0.100

3.2.3 参数格网化处理

为了更好地进行泥石流灾害演进过程模拟与空间分析，需要将案例区域的数字地形图进行空间化处理，将其划分为多个规则的格网单元，格网的大小会影响模拟的准确性，格网过小会直接增加模拟计算量，影响模拟计算效率；格网过大则会使准确性不够，导致模拟结果不符合泥石流实际运动轨迹以及堆积形态。因此，选择几种典型的格网尺度进行划分，并在准确性和效率之间进行平衡，选择适宜的格网尺度。在此基础上，利用 ArcGIS 软件处理得到坡度文件和坡向文件，用于重力坡降的计算，其次将 DEM 数据文件、坡度文件以及坡向文件转换为 ASCII 文件格式并存储在指定的文件夹内，最后划分出研究区域的流域范围，用于泥石流灾害的模拟计算。

3.3 多格网尺度模拟并行优化

在泥石流灾害演进过程模拟过程中，由于模拟计算参数繁多且复杂，且流团颗粒众多，导致每次计算耗时长、效率低。此外，虚拟地理环境需要实时进行交互分析，因此应急模拟应尽量提高计算效率。根据三维可视化绘制效率要求（不低于 25 帧/s），应急模拟应在 40ms 内完成一次循环计算（乔成等，2016）。综上，亟须对泥石流灾害数值模拟计算进行优化，以达到省时高效的目的。

多核 CPU 的普及和发展使得可以同时执行的线程成倍增加，极大地提高了程序的并行性。OpenMP 是当前最为流行的并行计算编程模型之一（Quinn，2004；罗秋明等，2012），具有编程简单、共享内存存储体系结构利用充分、支持细粒度的循环级并行等优点，目前已经被广泛地应用于数字图像处理、卫星重力数据处理、流体力学模拟、水文模型计算等众多领域（雷洪和胡许冰，2016）。因此，本书基于 OpenMP 多核计算进行多格网尺度下的泥石流灾害数值模拟并行优化，在保证泥石流灾害数值模拟计算准确性的前提下，选取适宜的格网尺度，以满足应急情景下的泥石流灾害快速模拟需求。

3.3.1 模型并行优化方法

图 3-4 为泥石流灾害数值模型并行优化流程。首先，针对泥石流灾害演进过程模拟与分析的需要，本书选择流团模型用于模拟计算，并编写对应的串行程序，实现数值模型的模块化，在此基础上进行调试，并针对数值模拟计算结果进行验证。然后，通过算法和工具进行热点分析，并对数值模型计算程序中的循环和函数调用部分采用 OpenMP 多核计算进行并行化处理，主要包括任务分割、开启并行编译开关以及实现负载均衡。最后，对并行计算结果进行验证，并做相关的修改与调试。

1. 消除循环依赖

根据 Amdahl 提出的式（3-20），若并行程序中存在一定的串行部分，则并行系统能够达到的最大加速比为 $1/f$（汪前进等，2012）。因此，需要通过增加临时变量、重构等方法消除循环依赖，实现程序的并行化，减少程序中串行部分所占的比例。

$$S(p) = p / [(1 + (p-1) \times f]$$ （3-20）

式中，$S(p)$ 表示加速系数；p 表示处理器的个数；f 表示串行部分执行时间占整个程序执行时间的比例。

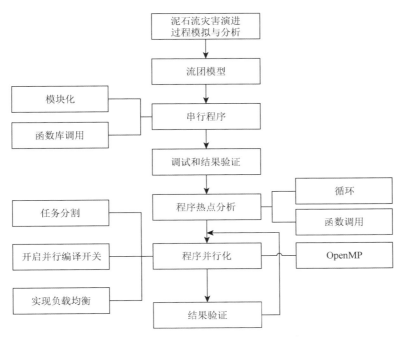

图 3-4　泥石流灾害数值模型并行优化流程

2. 负载均衡

负载指实际需要处理的工作量,即处理数据时需要完成的工作量,而负载均衡指各任务之间工作量平均分配。在并行计算中,负载均衡指将任务平均分配到并行执行系统中的各个处理器上,充分发挥各个处理器的计算能力(雷洪和胡许冰,2016)。OpenMP通过 schedule 子句来实现工作量的划分和调度,主要包括静态调度、动态调度、指导性调度和运行时调度。

(1)静态调度:将所有循环任务划分为大小尽量相等的块,是 OpenMP 的默认调度方式,适合每个线程计算负载相同的情况。

(2)动态调度:通过队列实现计算任务的动态分配,能够在一定程度上实现线程组的负载均衡,但是需要额外的开销。

(3)指导性调度:是一种动态调度方式,通过应用指导性的启发式自调用方法来减少动态调度的开销。

(4)运行时调度:在程序运行时,通过环境变量指定其余 3 种调度策略中的一种。

3.3.2　模型并行计算流程

基于 OpenMP 并行计算的泥石流灾害演进过程模拟流程如图 3-5 所示。首先,进行数据的初始化,包括 DEM 数据、峰值流量、粗糙度、初始泥深、溃口信息的读取。然后,将原来基于 CPU 串行的模型计算划分为串行计算部分和并行计算部分,串行计算部分(即主线程)主要包括泥石流流量、流团个数、流团初始速度、流团初始位置和初始泥深的计算；并行计算部分主要对密集的流团颗粒进行更新计算，并映射到多个线程中，包括各个流团颗粒 x 方向流速、y 方向流速、x 方向位移、y 方向位移和当前时间等。最后，在完成线程同步后，在主线程中根据流团颗粒新的流速、位移和坐标统计每个格网内流团颗粒个数，并继续通过分派多个线程统计计算各个时间步长内格网的泥深、流速、淤埋面积等数据，用于下一个时间步长内流团颗粒状态的更新，同时这些计算结果可以用于后续的泥石流灾害风险评估分析与动态可视化展示。

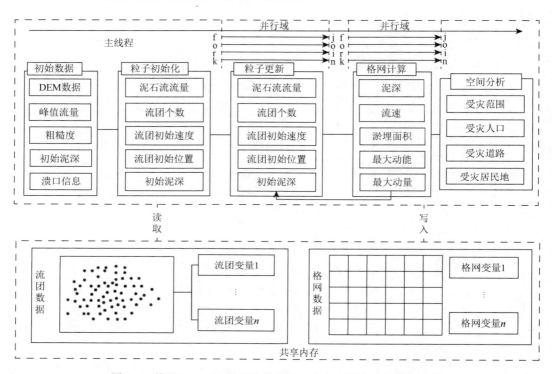

图 3-5   基于 OpenMP 并行计算的泥石流灾害演进过程模拟流程

3.3.3   多格网尺度模拟准确性分析

为了保证流团模型模拟的适应性和可靠性，需在泥石流数值模拟过程中对单个泥流团的体积、位移以及流团静止条件等进行规约。因此，不同格网尺度必然会使流团体积、计算步长、流团总个数等发生变化，极大地影响泥石流灾害数值模拟计算的准确性与效率（管群和卢晃安，2007）。

Kappa 系数一般用来评估两个图像之间的相似性，从空间分布以及数量的角度对两个图像之间不同类型物体的数量、位置和综合信息的变化进行定量地阐述（布仁仓等，2005；许文宁等，2011）。因此，本书先将不同格网尺度下的数值模拟结果与实地采样点的结果进行粗略对比，在此基础上，选取 Kappa 系数精细地评估不同格网尺度下泥石流灾害数值模拟计算结果的准确性和差异性。

1. Kappa 系数的计算机理和计算过程

Kappa 系数是由 Cohen 在 20 世纪 60 年代提出的，目前被较多地应用在遥感影像分类结果的一致性检验当中（Cohen，1968；许文宁等，2011），一般主要通过将实际地物类型数据与遥感影像分类结果数据进行对比来构建混淆矩阵（表 3-3）（张杰等，2009）。Kappa 系数的计算公式见式（3-21）（张杰等，2009；许文宁等，2011）。

$$\begin{cases} K = \dfrac{P_0 - P_c}{1 - P_c} \\ P_0 = \dfrac{\sum\limits_{i=1}^{n} P_{ii}}{N} \end{cases} \qquad (3\text{-}21)$$

式中，K 表示 Kappa 系数；P_0 表示遥感影像分类结果数据与实际地物类型数据完全一致的比率；P_c 表示偶然造成的遥感影像分类结果数据与实际地物类型数据吻合的概率；n 表示地物的类别数；N 表示样本的总个数；P_{ii} 表示第 i 类地物类型分类正确的样本个数。

Kappa 系数为 0～1，通常情况下，Kappa 系数越大表示模拟分析结果越准确，可分为 5 组来表示不同级别的一致性：0～0.20 表示极低的一致性；0.21～0.40 表示一般的一致性；0.41～0.60 表示中等的一致性；0.61～0.80 表示高度的一致性；0.81～1 表示几乎完全一致（田苗等，2012）。

表 3-3　遥感影像分类结果数据与实际地物类型数据的混淆矩阵

遥感影像分类结果	实际地物类型					
	$j=1$	$j=2$	$j=3$	...	$j=J$	求和
$j=1$	P_{11}	P_{12}	P_{13}	...	P_{1J}	$S_1 = \sum P_{1j}$
$j=2$	P_{21}	P_{22}	P_{23}	...	P_{2J}	$S_2 = \sum P_{2j}$
$j=3$	P_{31}	P_{32}	P_{33}	...	P_{3J}	$S_3 = \sum P_{3j}$
⋮	⋮	⋮	⋮	⋮	⋮	⋮
$j=J$	P_{J1}	P_{J2}	P_{J3}	...	P_{JJ}	$S_J = \sum P_{Jj}$
求和	$R_1 = \sum P_{J1}$	$R_2 = \sum P_{J2}$	$R_3 = \sum P_{J3}$	...	$R_J = \sum P_{JJ}$	1

2. 准确 Kappa 系数计算方法

参考上述 Kappa 系数计算机理，开展不同格网尺度下泥石流灾害数值模拟结果准确性分析。一般情况下，格网越精细，泥石流灾害数值模拟结果越接近实际，因此，选择高精度格网尺度下泥石流灾害数值模拟结果作为参考，分别对比其他格网尺度下泥石流灾害演进过程模拟的准确性。为了便于对 Kappa 系数进行计算，本书将不同格网尺度下泥石流灾害演进过程模拟结果划分为相对应的不同等级，例如，当评估不同格网尺度下泥石流灾害淤埋范围的准确性时，可以将有泥深的格网值设置为 1，没有泥深的格网值设置为 0。Kappa 系数计算公式如下（张杰等，2009）：

$$\text{Accuracy} = \text{Kappa} = \frac{P_0 - P_c}{1 - P_c} \tag{3-22}$$

式中，$P_0 = \sum P_{jj}$，表示粗糙格网尺度下模拟分析结果与高精度格网尺度下模拟分析结果一致部分所占的百分比；$P_c = \sum R_j \times S_j$，其中 R_j 表示粗糙格网尺度下模拟分析结果中 j 等级所占的百分比，S_j 表示高精度格网尺度下模拟分析结果中 j 等级所占的百分比。

　　式（3-22）中的数据可以在 ArcGIS 软件中利用栅格计算器将两个格网尺度下的计算结果数据进行统计分析得到。Kappa 系数的取值范围为 0～1，泥石流灾害数值模拟结果越准确，Kappa 系数越大，当 Kappa 系数在 0.4 以下时，粗糙格网尺度下泥石流数值模拟结果存在很大的误差；当 Kappa 系数为 0.4～0.75 时，粗糙格网尺度下泥石流数值模拟结果的准确性一般；当 Kappa 系数大于 0.75 时，粗糙格网尺度下泥石流数值模拟结果准确性较高（张杰等，2009）。

参 考 文 献

布仁仓，常禹，胡远满，等，2005. 基于 Kappa 系数的景观变化测度：以辽宁省中部城市群为例[J]. 生态学报，25（4）：778-784，945.

崔鹏，邹强，2016. 山洪泥石流风险评估与风险管理理论与方法[J]. 地理科学进展，35（2）：137-147.

费祥俊，1991. 黄河中下游含沙水流粘度的计算模型[J]. 泥沙研究，2：1-13.

费祥俊，康志成，王裕宜，1991. 细颗粒浆体、泥石流浆体对泥石流运动的作用[J]. 山地研究，9（3）：143-152.

管群，卢晃安，2007. 面向对象流团模型的应用研究[J]. 计算机技术与发展，17（12）：184-186.

胡凯衡，韦方强，何易平，等，2003. 流团模型在泥石流危险度分区中的应用[J]. 山地学报，21（6）：726-730.

雷洪，胡许冰，2016. 多核并行高性能计算[M]. 北京：冶金工业出版社.

罗秋明，明仲，刘刚，等，2012. OpenMP 编译原理及实现技术[M]. 北京：清华大学出版社.

马煜，余斌，吴雨夫，等，2011. 四川都江堰龙池 "8·13" 八一沟大型泥石流灾害研究[J]. 四川大学学报（工程科学版），43（1）：92-98.

乔成，欧国强，潘华利，等，2016. 泥石流数值模拟方法研究进展[J]. 地球科学与环境学报，38（1）：134-142.

邵颂东，王光谦，费祥俊，1997a. 平面二维 Lagrange-Euler 方法及其在水流计算中的应用[J]. 水利学报（6）：34-37.

邵颂东，王光谦，费祥俊，1997b. 流团模型在洪水计算中的应用[J]. 水动力学研究与进展（A 辑），2：11.

邵颂东，王礼先，1999. 北京山区泥石流运动数值模拟及危险区制图[J]. 北京林业大学学报，21（6）：9-16.

田苗，王鹏新，严泰来，等，2012. Kappa 系数的修正及在干旱预测精度及一致性评价中的应用[J]. 农业工程学报，28（24）：1-7.

汪前进，高勇，李存华，2012. 基于多核处理器的多任务并行处理技术研究[J]. 计算机应用与软件，29（7）：141-143.

王光谦，邵颂东，费祥俊，1998. 泥石流模拟：I-模型[J]. 泥沙研究（3）：7-13.

韦方强，胡凯衡，Lopez J L，等，2003. 泥石流危险性动量分区方法与应用[J]. 科学通报，48（3）：298-301.

徐慧敏，2010. 关于水利工程中河道糙率的研究[J]. 水利科技与经济，16（11）：1253-1256.

许文宁，王鹏新，韩萍，等，2011. Kappa 系数在干旱预测模型精度评价中的应用：以关中平原的干旱预测为例[J]. 自然灾害学报，20（6）：81-86.

许有鹏，葛小平，张立峰，等，2005. 东南沿海中小流域平原区洪水淹没模拟[J]. 地理研究（1）：38-45.

杨升，管群，2011. 基于 CUDA 的泥石流模拟计算研究[J]. 计算机工程与设计，32（12）：4231-4236.

杨雪，管群，2013. 基于 GIS 和流团模型的泥石流模拟系统的研究[J]. 计算机技术与发展，23（3）：152-155.

余斌，2008. 粘性泥石流的平均运动速度研究[J]. 地球科学进展，23（5）：524-532.

曾超，2014. 泥石流作用下建筑物易损性评价方法[D]. 北京：中国科学院大学.

张红艳，许晓红，2012. 河道糙率值的选用分析[J]. 吉林水利（1）：42-42.

张健楠，马煜，张惠惠，等，2010. 四川省都江堰市大干沟地震泥石流[J]. 山地学报，28（5）：623-627.

张杰，周寅康，李仁强，等，2009. 土地利用/覆盖变化空间直观模拟精度检验与不确定性分析：以北京都市区为例[J]. 中国科学（D 辑）（11）：1560-1569.

庄东晔，管群，唐军，2007. 基于面向对象流团模型的泥石流数值模拟研究[J]. 电脑开发与应用，20（9）：53-55.

Cohen J，1968. Weighted Kappa：nominal scale agreement with provision for scaled disagreement or partial credit[J]. Psychological Bulletin，70（4）：213-220.

Hossain A K M A，Jia Y F，Chao X B，2009. Estimation of Manning's roughness coefficient distribution for hydrodynamic model using remotely sensed land cover features[C]//Geoinformatics，2009 17th International Conference on IEEE：1-4.

O'Brien J S，Julien P Y，Fullerton W T，1993. Two-dimensional water flood and mudflow simulation[J]. Journal of Hydraulic Engineering，119（2）：244-261.

Quinn M J，2004. MPI 与 OpenMP 并行程序设计：C 语言版[M]. 陈文光，武永卫，等译. 北京：清华大学出版社.

Wei F Q，Hu K H，Cheng Z L，2006a. Research on numerical simulation of debris flow in Guxiang Valley，Tibet[J]. Journal of Mountain Science，24（2）：167-171.

Wei F Q，Zhang Y，Hu K H，et al.，2006b. Model and method of debris flow risk zoning based on momentum analysis[J]. Wuhan University Journal of Natural Sciences，11（4）：835-839.

Zhu J，Yin L Z，Wang J H，et al.，2015. Dam-break flood routing simulation and scale effect analysis based on virtual geographic environment[J]. IEEE Journal of Selected Topics in Applied Earth Observations and Remote Sensing，8（1）：105-113.

第 4 章　泥石流灾害虚拟地理场景建模

构建泥石流灾害虚拟地理场景，不仅可以开展泥石流模拟与可视化分析，还能在资料缺乏时进行初步的风险评估，提高用户的工作与认知效率，对防灾减灾救灾具有重要意义（王金宏，2014；朱军等，2015；戴义，2018）。泥石流灾害是自然界中的一种自然现象，泥石流灾害场景对象不仅包括地形地物，还包括泥石流灾害时空演进过程等。因此，本书在详细阐述场景建模渲染工具、建模方法和地理场景建模流程的基础上，将泥石流灾害虚拟地理场景建模分为地形场景建模、地物场景建模及泥石流灾害过程建模，并提出空间语义约束下的泥石流灾害场景融合建模方法，实现泥石流灾害虚拟地理场景的快速构建。

4.1　地理场景建模工具与方法

4.1.1　场景建模渲染工具

随着计算机图形学技术、三维地理信息系统和虚拟现实技术的飞速发展，三维场景建模和渲染工具越来越多，种类越来越丰富，功能越来越强大，建模渲染效果也越来越逼真。根据三维场景建模渲染工具发展过程和应用模式的不同，本节将从三维模型建模工具、三维可视化渲染工具和网络环境下场景渲染工具三个方面进行简要介绍。

1. 三维模型建模工具

三维模型建模是指对场景里的物体逐一进行手动建模，在计算机中生成虚拟场景对象。例如，3D Studio Max 是目前全世界销量最高、应用范围最广的商用三维建模软件，具有上手容易、材质库丰富和建模精细程度高等优点；Maya 同样是一款世界顶级的三维建模软件，其更加侧重渲染的真实感，在影视广告、角色动画和电影特效等领域颇受青睐；SketchUp 与前面两款建模软件相比，其主要卖点是操作使用更加简单，人人都可以快速上手，并且是一套直接面向设计方案创作过程的设计工具。此外还有 Rhino、Blender 和 FormZ 等一系列建模软件，这些软件侧重对单个物体的精细化建模，面对海量模型制作与渲染显得能力不足。CityEngine 是由 ESRI 研发的面向三维城市建模的软件，其能够基于二维 GIS 数据，自定义一系列几何和纹理映射建模规则，实现基于规则的大范围场景自动建模，极大缩短了建模时间，提升了建模效率。

1）3D Studio Max

3D Studio Max 是目前最流行的一款操作简便、功能强大的专业建模软件，可以提供建模、动画、灯光和渲染等工具，制作出效果逼真、真实感强的模型，展现模型透明度及亮度方面的效果，在建筑、动画和自然灾害等领域应用广泛。

（1）3D Studio Max 发展历史。3D Studio Max 软件的前身是 3D Studio，3D Studio 诞生于 20 世纪 80 年代末，在 1990 年由 Autodesk 正式发布（张春梅，2019）。3D Studio 最早是 DOS 版本的，由于 Windows 操作系统的进步，DOS 系统的缺陷变得越来越明显，因此 3D Studio 的设计者开始尝试将其从 DOS 系统向 Windows 系统移植。1996 年第一个 Windows 版本的 3D Studio 即 3D Studio Max 1.0 诞生，其不仅性能大幅提高，而且还支持 OpenGL 和 Direct3D 等三维图形应用程序开发接口。

2000 年以后，3D Studio Max 的不同版本在世界各地进行了发布，软件功能不断完善，使用效果不断优化，性能在角色动画制作、场景管理、建模、灯光和纹理等方面都有所提高，并加入了许多新的工具，逐渐实现了对各种渲染器的集成以及满足了市场对非线性动画工具的需求，能够支持法线贴图技术。2008 年面向建筑、设计及可视化领域，3D Studio Max 推出了新版本，提供了新的渲染功能以及节省时间的动画和制图工具，增强了与 Revit 等行业软件之间的互通性。

2010 年后推出的 3D Studio Max 版本一直不断地增加新的功能，在操作、界面、渲染效率和仿真模拟等方面展现出了极大的进步。3D Studio Max 2012 拥有先进的渲染和仿真功能，更强大的绘图、纹理和建模工具集，以及更流畅的多应用工作流；3D Studio Max 2013 提升了角色动画和图像的质量；3D Studio Max 2014 可加入点云数据，支持 Python 脚本编辑和 3D 立体摄影功能；3D Studio Max 2015 性能更好、工具更多；3D Studio Max 2016 可以实现成果共享，有利于跨团队合作；3D Studio Max 2017 提高了动画制作效率；3D Studio Max 2018 能够模拟大气效果，简化了基于图像的照明工作流，并改进了用户界面；3D Studio Max 2019 实现了图形布尔功能；3D Studio Max 2020 可以支持 Quicksilver 硬件渲染器；3D Studio Max 2021 加入了新的 PBR 材料，并能更快地保存场景文件；3D Studio Max 2022 增加了智能挤出、对称修改器增强等功能，在界面设计、软件速度方面有了进一步的提升。

（2）3D Studio Max 的应用领域。拥有强大功能的世界著名三维动画制作软件 3D Studio Max 被广泛地应用于广告、影视、工业设计、建筑设计、灾害模拟、游戏、辅助教学以及工程可视化等领域，在各个领域发挥了巨大作用，并越来越受重视。

3D Studio Max 在电视电影领域中可用于影视动画和特效的制作，给观众带来视觉上的震撼体验；在建筑装潢领域中，可以高效快捷地制作出逼真的室内外效果图；在工业造型设计中，解决了工艺制作复杂带来的产品效果图绘制困难的问题，可以借助不同材质、灯光和渲染功能，更加逼真地表现对象；在三维卡通动画制作中，可以建立建筑、地表等模型，从而实现场景布置；在多媒体领域中，可以制作出具有交互功能的网页动画和手机动画，这些动画占用的存储空间小，适合在网上使用；在室内设计中，突破了手绘图纸带来的局限性，可制作出室内设计所需的沙发模型、客厅模型、餐厅模型、卧室模型和效果图等，设计师与客户可根据效果图直接沟通，从而大大节省了时间，提高了沟通效率，并且通过物体材质贴图和灯光效果，可以做出逼真的室内模型（毛瑜，2019）；在美术教学中，能够让学习者更加容易理解所学知识，从而大大提高教学效率（梁佳卿，2019）；在灾害模拟领域中，可以构建基础场景对象，实现对灾害的逼真呈现，例如，在地震灾害场景模拟中，可以利用建模功能对地震灾害场景模型进行创建，并且通过材质贴图功能将照片提供的震害现象展示给用户（赵鹏，2010）；在火灾模拟中可以构建高楼、灭火器、楼梯等基础模型，利用大气装置中的火效果来制作火焰，并通过骨骼系统进行虚拟角色的跑、跳、捂鼻、摔倒等动画设计（韩莹等，2017）。

2）Maya

Maya 是美国 Autodesk 公司出品的三维动画软件，主要应用于影视广告、角色动画、电影特效、游戏等领域，提高了不同领域中开发、设计、创作的效率。Maya 功能齐全、操作灵活、制作效率极高、渲染真实感极强，不仅集成了 Alias 和 Wavefront 最先进的动画及数字效果技术，能够与数字化布料模拟、运动匹配技术等相结合，还通过新的运算法则提高了性能，具有能充分利用多核处理器的优势（王海燕，2012）。与 3D Studio Max 相比，Maya 对影视动画制作的针对性更强，拥有强大的 Mentalray 渲染器；在系统兼容性方面，Maya 跨平台能力强，在 Linux、Mac 和 Windows 平台上通用；从软件结构上来讲，Maya 界面更清晰，功能模块分工更明确。

（1）Maya 发展历史。Maya 的诞生首先要从两家公司的成立说起，1983 年加拿大多伦多成立了一家名为 Alias 的数字特效公司，这家公司的名字源自其第一款关于提升渲染质量的商业软件。随后在 1984 年，美国加利福尼亚也创建了一家数字图形公司，公司取名为 Wavefront。一年之后，两家公司正式合并，成立了 Alias|Wavefront 公司，其参与制作了多部影片。经过长时间的研发，1998 年三维特效软件 Maya 终于面世，其一经发布便获得了市场的认可，在电影特效和角色动画等方面处于业界领先地位，在当时成为三维特效软件领域的标杆，并获得了长足的发展。2001 年，Alias|Wavefront 发布了 Maya 在 Mac OS X 和 Linux 平台上的新版本，此时，Maya 已经在多个领域获得成功。2003 年，美国电影艺术与科学学院奖评委会授予 Alias|Wavefront 公司奥斯卡科学与技术发展成就奖，这是对 Maya 的极大肯定。同年，该公司更名为 Alias。2005 年，Autodesk 公司耗资 1.8 亿美元全资收购了 Alias，Maya 也正式变更为 Autodesk May，加入 Autodesk 之后，Maya 陆续推出了多个版本，软件版本的更新提升了用户的使用效率。现在，Maya 仍被广泛用于各个领域，在建模软件"百花齐放"的时代继续发挥着它的强大作用。

（2）Maya 的应用领域。Maya 软件因可以提供完美的 3D 建模、动画、特效和高效的渲染功能而被应用于平面设计、建筑、工业、影视、生物等领域。在平面设计、印刷出版领域，Maya 常成为广告商、房地产开发商的选择之一，Maya 的特效技术加入设计元素中，大大增强了平面设计产品的视觉效果，它能更好地拓宽平面设计师的视野，让很多以前不可能实现的技术更好地展现出来；在电影特效方面，Maya 应用于许多电影大片的特效制作中，其在电影领域的应用越来越成熟；在工业建模领域，Maya 可以用于制作车模，通过将 Nurbs 曲面建模和 Polygon 多边形建模相结合，在得到粗略模型的基础上对细节进行刻画，得到精细模型，并利用贴图完成轮胎等部分的纹理构造（黄学军和宋玮，2011）；在生物建模领域，Maya 可以对人的头部进行建模，包括五官的塑造、面部肌肉走向和皮肤纹理的刻画（黄学军和宋玮，2011）；在灾害模拟领域，Maya 可以用于泥石流灾害中地物的建模，如构建泥石流防治工程中的拦挡坝、排导堤模型（吴宏等，2013），也可以用于暴雨及其衍生灾害的三维模拟，制作山脉、岩石和植被的模型以及山体塌方动画，从而为灾害模拟提供帮助（王昊宇，2014）。

3）SketchUp

SketchUp 是一套面向室内建筑、城市规划、游戏和影视动漫开发等领域的 3D 建模软件，与传统复杂的三维建模软件不同，SketchUp 直接面向设计，能在短时间内完成三维设计，是当今优秀的绘图工具，其基于使用简便的理念，界面简单、操作方便、上手容易，具有直观、灵活的特点（王婷，2014）。在绘图方面，软件提供的绘图和编辑工具数量少，但能满足实际需求，并且添加了许多辅助工具，能够帮助用户准确定位；在建模方面，界面简单、易理解，用户能够直接在 3D 界面上完成建模工作（毛蒙，2009）。该软件兼容性强，能够与 AutoCAD、3D Studio Max 等软件结合使用，快速导入和导出 DWG、JPG、3DS 等格式的文件，有助于实现设计构思。同时，因其具有 3D Warehouse 的特性，将其用于 Google Earth 上的建模也十分方便，用户可以通过 Google 账户上传自己创建的模型，也可以对其他模型进行浏览和下载。此外，SketchUp 的贴图功能十分强大，用户除了可以使用软件自带的纹理贴图，还可以使用自己采集处理的纹理图片。总的来说，SketchUp 是一款功能强大、受众广泛的三维建模软件。

（1）SketchUp 发展历史。SketchUp 最初由 1999 年成立的@Last Software 公司设计，2000 年正式发行，因操作简单、容易上手，它的第一个版本在首次商业销售展上就获得了社区选择奖。随后@Last Software 公司针对建筑设计领域发布了专业性更强的版本，并在 2005 年推出的版本中添加了挤压、拉伸等功能，从而得到了建筑设计及其他相关领域的青睐。2006 年，由于为 Google Earth 开发插件吸引了 Google 公司的目光，@Last Software 公司被其收购。2007 年 SketchUp 6.0 正式发布，同时诞生了 Google SketchUp LayOut，新增加的二维矢量工具以及页面布局工具，解决了用户需要跳转到第三方程序进行演示的问题。2008 年 SketchUp 的两个新版本相继发行，它们添加了 3D Warehouse 搜索、矢量渲染功能，提升了动态缩放反应效率和 Ruby API 的性能。

2010 年 SketchUp 成为主流建模软件之一，Google 在这一年发布了 SketchUp 8.0。2012 年美国天宝导航有限公司从 Google 手上买下该软件的所有权，并于一年后发布了 SketchUp Pro 2013，该版本可以集中管理插件，并且提高了视频导出能力。此时 SketchUp 已通过探索和尝试取得了辉煌的成就，拥有了大批用户，应用范围逐渐拓宽，就连 3D Studio Max 也创建了可以直接导入 SketchUp 的相关插件，从而加强了和 SketchUp 的联系，另外 Maxwell Render 和 V-Ray 等常见的渲染器也能够支持 SketchUp。2014 年美国天宝导航有限公司发布了 SketchUp 2014，同年又发布了 SketchUp 2015，这个版本突破了 4G 系统对内存的限制，解决了 SketchUp 消耗过多内存导致的软件崩溃的问题。随后，SketchUp 不断加入新的功能，优化版本性能，面向可视化设计领域表现出了巨大的优势，直到今天，SketchUp 仍在稳步发展、不断进步。

（2）SketchUp 的应用领域。作为一款简单方便的建模软件，SketchUp 的应用领域十分广泛，其对地物、地形的建模做出了极大的贡献，可以应用在城市规划领域，对地下管线进行建模，并实现与 ArcScene 的交互（杨春宇等，2018）；可以在洪水演进可视化研究中对洪水场景中的地物、地形进行建模，并将数据导入 ArcGIS，方便后续研究（韦春夏，2011）；可以对校园内的教学楼、宿舍楼、人行道等活动场所空间进行建模（张瑞菊，2013）；还可以对电力系统中的输电塔、门型塔、输电线和变电站等进行建模（尹晖等，2015）。此外，在 SketchUp 软件环境下，结合倾斜摄影测量技术可以进行单像建模，实现建筑物三维模型的几何重建和纹理映射（詹总谦等，2017）。

4）CityEngine

CityEngine 是一款应用于轨道交通、数字城市、建筑、仿真等领域的三维建模软件，它为规则程序化建模提供了一种新的途径，通过参数化的调整改变模型的外观，能够通过修改模型参数实现模型后期处理，并且通过定义规则文件实现模型的批量处理，不仅节省了人力、物力，降低了三维建模的成本和减少了修改更新的时间，还大大提高了建模的效率，能够更加方便方案设计人员实现设计理念和方案。此外，CityEngine 不仅能支持多数行业标准 3D 格式，还能够直接支持 Shapefile 格式的 GIS 数据、Geodatabase 等，可迅速实现三维建模，因此加快了建模的速度，缩短了三维 GIS 的建设周期。

（1）CityEngine 发展历史。CityEngine 最初由 Procedural 公司创始人之一——帕斯卡尔·米勒设计研发，他在研究期间，发明了一种主要针对三维建筑设计的程序建模技术，这为 CityEngine 软件的问世打下了基础。2001 年，SIGGRAPH（Special Interest Group for Computer Graphics and Interactive Techniques，计算机图形和交互技术特别兴趣小组）的出版物发表了一篇名为 *Procedural Modeling of Cities* 的研究文章，这表明 CityEngine 的影响力正在扩大。2007 年，Procedural 公司成立，并于次年发布了第一个商业版本的 CityEngine，接下来的两年公司继续创新，陆续发布了两个优化版本。2011 年，ESRI 公司宣布了收购 Procedural 公司的决定，并将 CityEngine 正式更名为 ESRI CityEngine，同年，成立了 ESRI 苏黎世研发中心，将研究重点定位在城市建模、GIS 集成等方面。在后续的发展中，CityEngine 进行了交互式编辑和设计工具的改进、性能的提升、CGA 编译器中错误的修复，并且支持更多数据格式的导入和导出以及更多插件的运行。

（2）CityEngine 的应用领域。从 CityEngine 的名字可以看出，它是一款主要针对城市规划、城市建设的建模软件（廖志强等，2015），在三维城市建模过程中，利用 CityEngine 实现城市路灯的批量建模，可以克服手工建模方法效率低、精度差的缺点（程朋根等，2018）；在灾后城市建筑群模拟中，通过编写建筑物三维建模的流程和规则，基于 CityEngine 平台可以快速批量地建立灾区建筑物三维模型，并用不同颜色渲染建筑物，描述其破坏等级（陈相兆等，2018）；在校园场景的构建中，CityEngine 可以实现建筑物、道路、绿化设施和水体的三维精细化规则建模（赵雨琪等，2017）。此外，在高铁建设等领域也可以看见 CityEngine 的影子，以 CityEngine 为平台，可以快速创建高铁线路中心线、高铁路面、高铁附属设施等模型（吕永来和李晓莉，2013）。

2. 三维可视化渲染工具

当三维模型制作完成后，用户通常需要导入虚拟现实系统中进行驱动，并根据自己的需求开发三维可视化应用。目前具有代表性的三维可视化渲染工具有 OpenGL 和 Direct3D，它们为三维图形显示提供了底层渲染 API，能够十分灵活地适应用户的需求，但如果直接用 OpenGL 或 Direct3D 来开发大型的三维应用，不仅开发效率低，而且对开发人员素质要求高。为了降低开发难度和提升开发效率，业界推出了众多高级图形工具包和软件，如 OpenGL Performer、OpenGVS、Vega、OpenSceneGraph 以及 Unity3D 等。

1）OpenSceneGraph

OpenSceneGraph 简称 OSG，是一款跨平台、可移植的高级图形工具包，几乎封装了 OpenGL 所有底层接口，继承并使用了 OpenGL 工业标准级的技术基础（张沛露，2019），具有开发速度快、扩展能力强、性能好、源代码公开和开发成本低等优势，在游戏、公路工程、数字城市、三维重建、城市规划等诸多领域有广泛的应用。OSG 由于具有高效的场景数据组织管理功能、强大的三维表达能力以及丰富的场景渲染接口，近年来在地理信息、可视化仿真等领域发挥着巨大作用，经常被用于三维虚拟地理场景的表达和渲染（陈彤和邓钟，2018；张沛露，2019）。

2）Unity3D

Unity3D 是应用于三维游戏、虚拟现实和增强现实开发的一款强大的设计开发平台，与 OSG 这种图形工具包不同，Unity3D 采用"所见即所得"的原则，为用户提供了丰富的图形和场景界面，用户可以利用已经封装好的组件进行场景设计和优化，从而避免编写繁杂的代码。Unity3D 能够实现建模、动画、光照和渲染一体化，其高清实时渲染技术解决了离线渲染无法交互的问题，可构建逼真的虚拟交互环境。

3）Vega

Vega 是一款用于实时视觉模拟、城市规划仿真、三维游戏开发和虚拟现实等领域的工业软件，常被用来渲染战场仿真、城市仿真等领域的视景数据库，其界面简单、稳定，方便用户设定和预览程序，减少了源代码开发时间，从而有利于程序的维护与优化。Vega 可以很好地支持多处理器、多通道渲染、多种数据调入，快速创建实时交互的三维环境并添加环境效果，在导入模型后，可提供创建、编辑、运行工具，从而生成仿真应用。此外，为满足一些特殊的仿真要求，Vega 还加入了红外效果等。

3. 网络环境下场景渲染工具

随着 WebGL 技术的不断发展和普及应用，在网络环境下实现海量三维数据轻量化渲染的需求日益增加。WebGL 是面向浏览器端的新一代 Web3D 标准，其为 Web 三维应用程序提供了统一的、标准的、跨平台的 OpenGL 接口，在浏览器端不需要安装任何插件就能够直接基于 GPU 硬件加速实现三维图像渲染。目前基于 WebGL 技术的开源三维渲染引擎有 Three.js、ReadyMap、OpenWebGlobe 和 Cesium 等。Three.js 是目前应用最为广泛的 WebGL 3D 可视化渲染库，其对 WebGL 的底层 API 进行了封装，降低了开发难度，且功能丰富，能够方便地应用于游戏开发和动画制作，但地理空间信息展示能力弱，不太适用于面向大范围地理场景的应用开发。ReadyMap 和 OpenWebGlobe 是面向地图应用的渲染引擎，但可视化效果较差、模型加载不流畅且展示功能也相对较少。Cesium 是基于 JavaScript 编写的开源三维地球引擎，专注于地理空间信息的展示，支持 2D、2.5D 和 3D 地理数据渲染，目前该引擎在智慧城市领域应用广泛。有关 WebGL 三维渲染引擎的详细情况将在 6.1.2 节阐述。

4.1.2　地理场景建模方法

为了让人们认识和理解现实地理世界，首先必须将复杂的地理事物和现象简化和抽象到计算机中进行表达和处理，这就需要对现实地理世界进行抽象建模，建模的结果就是地理空间数据模型（邬伦等，2001）。地理场景建模是将现实世界中的对象进行抽象化和模型化，并采用数学模型和计算机描述表达的过程。基于地理空间数据模型，地理场景建模一般包括以下几个阶段：现实世界抽象化、建立概念模型、设计逻辑模型和物理模型、实现模型的恢复和融合表达（图 4-1）。

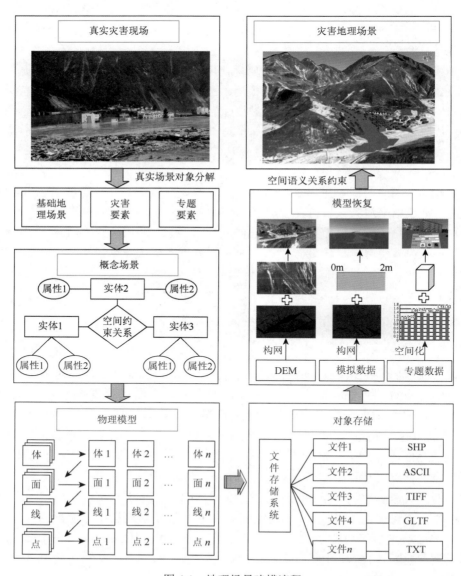

图 4-1　地理场景建模流程

现实世界抽象是指对地理空间实体的几何尺寸、空间位置以及复杂的空间关系进行抽象，首先根据抽象规则建立概念模型，并确定模型应该包含哪些内容；然后设计概念模型的组织方式，主要包括点、线、面、体等组织方式；接着确定模型信息的存储方法、存储结构和索引方式，实现逻辑模型和计算机硬件之间的沟通；最后基于模型建模工具和渲染引擎实现模型的恢复，并根据不同空间关系实现地理场景构建。接下来对地理空间数据概念模型、逻辑模型和物理模型进行进一步介绍。

1. 地理空间数据概念模型

地理空间数据概念模型主要包括对象模型、场模型和网络模型，如图 4-2 所示。对象模型将地理空间中的地理现象和实体划分为独立的对象（按照空间特征可以划分为点、线、面和体四种基本对象），借助这些对象可以按照特定的空间关系构建其他复杂的对象，并且每个对象都有对应的属性信息，对象模型一般针对具有明显边界的地理对象；场模型包括二维场模型和三维场模型，其将地理空间中的地理现象当作连续变量，一般将灾害时空过程模拟、空气污染以及地形表面起伏变化都当作场模型处理；网络模型对现实地理世界中的网络进行抽象表达，考虑路径相连的对象之间的连通状况，可以被看作具有点、线对象拓扑关系的一种特殊的对象模型，常见的网络模型案例有交通路网、信息网络等。进行概念模型的选择时，通常需要考虑表达要素的空间分布特性以及独立性，为了更好地表达地理空间现象，通常还要进行模型的集成。

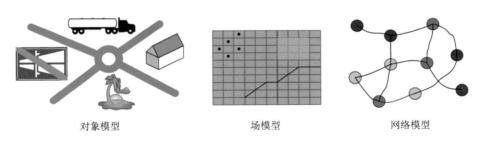

对象模型　　　　　　场模型　　　　　　网络模型

图 4-2　地理空间数据概念模型示意图

2. 地理空间数据逻辑模型

地理空间数据逻辑模型根据概念模型确定需要表达的空间信息内容，以计算机能够理解和处理的形式表达空间实体和空间关系，主要包括矢量数据模型、栅格数据模型、矢量栅格混合数据模型、时空数据模型、面向对象数据模型和三维空间数据模型等。

矢量数据模型采用坐标方式表示点、线、面实体，对于点来说，对应一组空间坐标；对于线来说，由一串坐标组成；对于面来说，由首尾相连的一系列坐标组成。矢量数据模型能够精准地表示地理对象，具有精度高、图形质量好、数据量小、冗余度低、拓扑关系清晰、便于空间分析等优点，但是绘图成本较高、数学模拟存在一定困难，进行空间分析时对软件、硬件的要求也较高。

栅格数据模型通过域的方式来表现空间现象，利用规则格网中每一个格网的位置及数值来表现对应的空间现象特征，常被用来表达连续的地理现象。栅格数据利用栅格单元来表示地理对象，栅格大小固定，但属性值不同，对于点来说，由一个栅格单元组成；对于线来说，由一串彼此相互连接的栅格单元组成；对于面来说，则由一系列相邻的栅格单元组成。与矢量数据不同，栅格数据结构简单、成本低廉、容易进行各种空间分析和地理现象模拟，但是也存在图形质量较低、数据量较大、图形输出不美观等问题。利用栅格化能够将矢量数据模型转换为栅格数据模型，如图 4-3 所示。

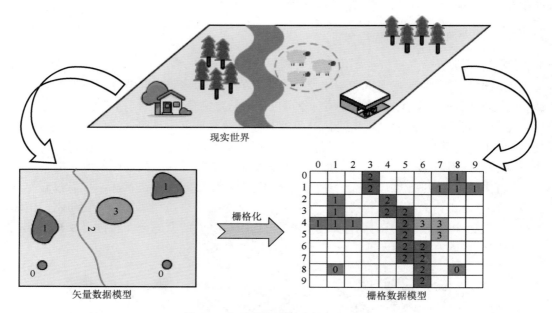

图 4-3　矢量数据模型栅格化示意图

矢量栅格混合数据模型结合了上述两种模型的优点，既保留了矢量数据的特性，又具有明确的空间位置，还建立了栅格与实体间的联系。对于点来说，既描述其空间坐标，又表达其栅格单元位置；对于线来说，既采用连续坐标对的方式进行表达，又将线经过的栅格单元予以填充；对于面来说，边界采用矢量数据模型表达，内部采用栅格数据模型表达。

时空数据模型是一种能有效组织和管理时态地学数据，且空间、专题、时间语义更完整的地学数据模型，它不仅强调地学对象的空间和专题特征，而且强调这些特征随时间的变化。1992 年美国学者 Gail Langran 发表的博士论文 *Time in Geographic Information Systems* 正式标志着 GIS 时空数据建模的开始（Langran，2020）。时空数据模型将时间作为属性，能够很好地表达动态地理现象，主要分为快照序列模型、基态修正模型和时空立方体模型等，各类时空数据模型的具体定义与特点见表 4-1。

表 4-1　常见的时空数据模型的定义与特点

名称	定义	特点
时空立方体模型	用几何立体图形表示二维图形沿时间维发展变化的过程，表达了现实世界平面位置随时间的演变过程，并将时间标记在空间坐标点上	简单明了，易在传统 GIS 中实现，但存储冗余，立方体的操作复杂

续表

名称	定义	特点
快照序列模型	将某一时间段内地理现象的变化过程用一系列时间片段序列快照保存,反映整个空间特征的状态,根据需要对指定时间片段的现实片段进行播放	含有历史信息,可在传统 GIS 软件中实现,时态与空间数据关系相对简单,但存储冗余,无法捕获错误,破坏了地理现象连续性,时态关系难以处理
基态修正模型	按事先设定的时间间隔采样,不存储研究区域中每个状态的全部信息,只存储某个时间的数据状态(称为基态)以及相对于基态的变化量	数据记录量小,数据冗余少,历史数据可追踪,但差值状态数据难以获取,无法捕获错误,给定时刻对象的空间关系难以处理,时间和空间上的内在联系难以反映
时空复合模型	将空间分隔为具有相同时空过程的时空单元,并将时空单元中的时空过程作为属性关系表来存储	节省存储空间,易在 GIS 软件中实现,操作简便高效,但标识符难以修改,多边形碎化,过分依赖关系数据库,难以获取差值状态数据,地理目标查询困难
基于事件的时空数据模型	将时间位置作为记录变化的基础,时间维上的事件顺序表达了地理现象的时空过程,时间轴用事件来表达	存储效率高,信息检索方便,有较好的数据一致性,数据冗余度低,但变化信息单一,仅记录了时间信息
面向对象的时空数据模型	基于对象的概念,将需要处理的地理目标抽象为不同的对象,形成各类对象的联系图,将其属性和操作封装到一起,使其具有类、封装、继承和多态性等面向对象的特征和机制	效果自然,打破第一范式限制,建模有优越性,但难以表达对象变化信息,数据冗余,信息丢失

面向对象数据模型采用面向对象的方法描述空间实体及其相互关系,一个地理对象由描述其状态的一组数据和表达其行为的方法组成,地理空间中的实体和现象都可以被当作一个对象。

三维空间数据模型主要包括表面模型、体模型和混合模型等(表 4-2)。

表 4-2 三维空间数据模型(汤国安等,2007)

表面模型	体模型		混合模型
	规则体元	非规则体元	
不规则三角网(triangulated irregular network,TIN)	结构实体几何(CSG)	四面体格网(TEN)	TIN-CSG 混合模型
规则格网	体素	金字塔	TIN-Octree 混合模型
边界表示模型	八叉树(Octree)	三棱柱(TP)	WireFrame-Block 混合模型
线框(或相连切片)	针体	地质细胞	Octree-TEN 混合模型
断面	规则块体	非规则块体	
断面-三角网混合		实体	
多层 DEMs		3D Voronoi 图	
		广义三棱柱(GTP)	

3. 地理空间数据物理模型

地理空间数据物理模型的构建是 GIS 空间数据模型建模的最后一步,主要涉及概念模型和逻辑模型在计算机中具体的存储形式和操作机制,如文件系统、数据库系统等。

物理模型不但与数据库管理系统（database management system，DBMS）有关，而且与操作系统和硬件有关，因此理论上在设计空间数据物理模型时，需要考虑操作系统、硬件环境和所用的 DBMS 等诸多因素。但在实际操作中，设计者一般只需要设计索引等特殊的数据结构，而其他硬件交互工作交给 DBMS 来完成。目前主流的做法是在数据逻辑模型的基础上，借助 DBMS，通过数据库体系结构设计，利用关系型数据库来完成数据的存储。并且主流的 DBMS 都有自己的空间数据模块，可以对空间数据的存储与索引进行很好的支持。当然，不同的 DBMS 在可扩展性、性价比等方面各有优缺点，因此在选择 DBMS 时需考察不同系统的差异和优势。

4.2　泥石流灾害虚拟场景建模

4.2.1　地形场景建模

基础地理场景通常是指三维虚拟地形场景，目前地形场景建模大多采用数字高程模型（DEM），DEM 数据由从地形图上采样所得的高程值构成，是对地形地貌进行数字建模的结果，与在飞机或卫星上拍摄到的遥感纹理图像数据相对应，这些纹理图像在重构地形表面时被映射到相应的部位。运用计算机图形图像处理技术进行真实感三维地形建模，地形场景建模的精度主要取决于地形数据和相对应的遥感影像数据的精度（朱庆等，2004；Suarez et al.，2015；Bai et al.，2015；Subarno et al.，2016；Chen et al.，2018）。

生成三维真实感地形场景的理论基础是计算机图形学中的三维真实感图形技术。计算机图形学认为，图形的生成应包括两个步骤：第一个步骤是建模，第二个步骤是绘制。建模就是为要生成的图形建立数学模型，得到其三维数据对应的几何基元；绘制则是实现计算机生成的图形的显示或输出。三维图形的显示技术是计算机图形学中的关键技术之一，也是图形学的重要组成部分，一般包括三维图形变换（投影变换、旋转、平移等）、消隐处理、光照模型、明暗处理以及纹理映射等。三维真实感地形场景建模的流程如图 4-4 所示。

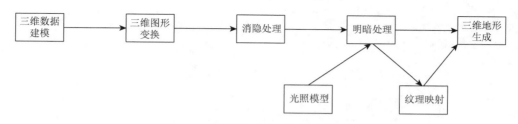

图 4-4　三维真实感地形场景建模流程

1. 三维地形建模

与人类活动关系最密切的现实地表环境是进行地理综合研究的基础。可利用数字高程模型（DEM）、影像数据、地物数据、专题数据等基础地理环境数据，建立三维地形场景。三维地形可视化仿真研究内容之一就是真实感三维地形建模。目前地形建模大多采用数字地面模型（digital terrain model，DTM），DTM 数据由从地形图上采样所得的高程值构成，与在飞机或卫星上所拍摄的遥感纹理图像数据相对应，这些纹理图像在重构地形表面时被映射到相应的部位，运用计算机图形图像处理技术进行真实感三维地形建模。

三维地形建模是三维地形可视化的核心内容。它用一定的数学方法建立所需三维地形场景的几何描述，场景的几何描述直接影响图元的复杂性和图形绘制难度。目前应用最广泛且最成熟的是基于表面模型的三维地形建模技术，其中心思想是用多边形逼近地形表面。数字地面模型（DTM）是地形表现形态属性信息的数字表达，也是带有空间位置特征和地形属性特征的数字描述。地形属性为高程的数字地面模型称为数字高程模型（DEM）。DEM 最主要的 3 种表示模型分别是规则格网模型、等高线模型和不规则三角网模型。目前三维地形建模中用得最多的是不规则三角网模型，这是因为在同样的地形条件下，当达到同等高程内插精度时，该类模型所需的原始地形点的数目要远少于其他模型所需的已知点数目。

1）DTM 与 DEM

DTM 即数字地面模型，是地形起伏的数字表达，它的核心是地形表面特征点的三维坐标数据和一套对地表提供连续描述的算法。最基本的 DTM 由一系列地面点的 x 坐标、y 坐标及其相关的高程 z 组成，用数学函数表达为

$$z = f(x, y) \quad (x, y \in \text{DTM 所在的区域}) \tag{4-1}$$

简单地说，DTM 是按一定结构组织在一起的数据组，代表着地形特征的空间分布，同时也是建立地形数据库的基本数据，可以用来制作等高线图、坡度图、专题图等多种图解产品。

DTM 的建模结果通常是一个数字高程模型（DEM）。DEM 作为 DTM 的一种表示方法被广泛使用，目前已经被纳为国家空间数据基础设施（national spatial data infrastructure，NSDI）的基本内容，并作为独立的标准产品被纳入数字地理数据框架（digital geographical data framework，DGDF）。DEM 主要的表示方法如下。

（1）数学方法。可以采用整体拟合法，即根据区域中所有的高程点数据，用傅里叶级数和高次多项式方法拟合统一的地面高程曲面；也可以采用局部拟合法，将地表复杂表面划分成正方形规则区域或面积大致相等的不规则区域并进行分块搜索，将有限个点拟合，形成高程曲面。

（2）图形方法。图形方法可分为线模式和点模式，线模式中，等高线是表示地形时最常见的形式，其他的地形特征也是表达地面高程时的重要信息源，如山脊线、谷底线、海岸线及坡度变换线等；点模式中，用离散采样数据点建立 DEM 是常用的方法之一。数据可以按规则格网进行采样，密度可以一致或不一致；也可以是不规则采样，如采用不规则三角网、邻近网模型等；或者选择性地采样，采集山峰、洼坑、隘口、边界等重要特征点的数据。

在实际使用中，图形表达方法应用得较多。其中，规则格网（Grid）模型和不规则三角网（TIN）模型是最常见的两种表示 DEM 的模型，也有一些应用基于 Grid 和 TIN 混合的模型。

2）TIN 建模方法

不规则三角网（TIN）由不规则三角形组成，三角形的结点主要从等高线或离散高程测量点中链接而成，其保留了地形特征点和特征线，精度较高，但拓扑数据结构比较复杂。图 4-5 为 TIN 表达与存储方式。TIN 模型不仅要存储每个网点的高程值，而且要存储相应点的位置坐标并描述网点之间的拓扑关系，具有分辨率可变的优点，即当表面粗糙或变化剧烈时，TIN 能包含大量的数据点；当表面相对单一时，对于同样大小的区域 TIN 则只需要最少的数据点。

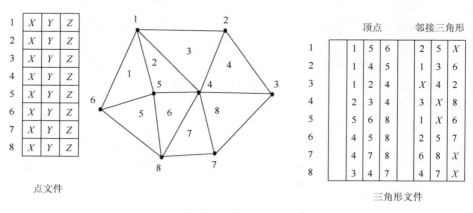

点文件　　　　　　　　　　　　　　　　三角形文件

图 4-5　TIN 表达与存储方式

二维平面域内任意离散点的 TIN 是一种基础的网络，既适合规则分布的数据，也适合不规则分布的数据；既可以通过对 TIN 的内插产生规则格网，也可以根据 TIN 建立连续或光滑表面。因此，TIN 是 GIS 数据表达、管理、集成和可视化的一项重要内容，也是地学分析、计算机视觉、表面目标重构、有限元分析、道路设计等领域的一项重要的应用。TIN 可以通过不同层次的分辨率来描述地形表面，也可以通过插入特征点、特征线、结构线等来精确逼近地表形态。TIN 的产生方法有多种，根据数据源的不同和产生过程的差异，可以将这些方法进行分类，见表 4-3（史文中等，2007）。

表 4-3　TIN 产生方法的分类

基于离散采样点		基于规则格网		基于等高线	基于混合数据
静态	三角形生长算法	单格网	格网分解法	重要点法	等高线的离散点直接生成法
	分治算法		单对角线	地形骨架法	
	凸包算法		多对角线	地形滤波法	将格网 DEM 分解为 TIN，再插入特征线，构建 D-TIN
	辐射扫描算法	多格网	单对角线	层次三角网法	加入特征点的 TIN 优化法
	改进层次算法		多对角线	试探法	
动态	逐点插入法			迭代贪婪插入法	等高线约束的特征线法

　　在三维可视化建模中，TIN 具有以下特点：①能随地形的复杂度灵活地改变采样点的密度和确定离散采样点的位置，因而克服了因地形起伏不大而导致产生的高程矩阵中有冗余数据的问题；②能按地形特征点、特征线（如山脊线、沟谷线、地形变换线）和其他能按精度要求进行数字化的重要地形特征来获取 DEM 数据，不改变原始数据及其精度，能保持原有的关键地形特征；③能较好地处理形状不规则的区域边界；④在有足够离散点的情况下效果较好。

　　TIN 的构建方法有很多，比较经典的有构建 Delaunay 三角网（D-TIN）、构建约束Delaunay 三角网（CD-TIN）和基于等高线构建 D-TIN，更详细的知识可参考《数字高程模型》（李志林和朱庆，2003）。

　　生成三角网数字地形模型时最关键的技术是构网技术，现在通用且比较流行的是Delaunay 构网，因为 Delaunay 构网是最优的三角网构网原则。关于 Delaunay 三角网的构建算法，许多文献都有比较详细的研究。Delaunay 三角网的定义：是一系列相连且不重叠的三角形的集合，而且这些三角形的外接圆不包含这个面域的其他任何点，即 Delaunay三角网能最大限度地保证网中三角形具备近似等边（角）性。对于任意给定的离散数据点集，Delaunay 三角网的网形是唯一的。

　　为了达到地形曲面光滑的目的，应使各三角曲面拼接处的法向量不产生突变。法向量同时还关系到每个顶点所能获得的光照量，从而影响整个场景的三维视觉效果。在三维视图中，每一个面都有两个方向，因此计算三角面法向量时必须按相同的顺序（顺时针或逆时针方向）从三角面取两条有向边，计算其叉积，然后将该叉积进行单位化。而求每个顶点的法向量时将顶点周围六个三角面的法向量的平均值作为该顶点的法向量即可。再通过插值，可求得三角曲面上每一点的法向量，从而获得一块光滑的三角曲面。

　　利用 TIN 实现三维可视化的一个缺点就是数据量大时构建三角网的效率较低，因此，基于 TIN 的三维地形可视化适合小规模或小范围地形场景建模。

　　3）Grid 建模方法

　　二维平面域内 Grid 是另外一种基本网络，适合规则分布的数据。规则格网是由规则的高程点在空间上分布而形成的矩阵，每四个点可构成一个正方形。平面位置隐含于行列号中，结构简单，应用方便，适合设置多细节层次（level of detail，LOD）模型，尤其适合大规模地形表达，如图 4-6 所示。一个 Grid 数据一般包括三部分：元数据、数据头和数据体。元数据是描述 DEM 一般特征的数据，如名称、边界、测量单位、投影参数等；数据头定义 DEM 数据的起点坐标、坐标类型、格网间隔、行列数等；数据体是沿行列分布的高程数字阵列。因此，Grid 模型将区域空间划分为多个规则的格网单元，每个格网单元对应一个数值，代表该单元的高程值。该高程值有两种说法，一种是指格网单元内的均一值；另一种是指网格中心对应的高程值或网格单元平均值。

　　如果原始数据就是规则格网数据，则只需按建模要求对原始数据进行简化或内插；若原始数据不是规则格网数据，如离散采样点、等高线等，则需要先对不规则格网数据进行内插以形成规则格网数据。按数据内插方法不同，Grid 的产生方法见表 4-4（史文中等，2007）。

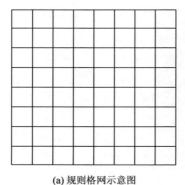

| (a) 规则格网示意图 | (b) 规则格网LOD简化应用 |

图 4-6　Grid 模型及其 LOD 应用

表 4-4　Grid 产生方法的分类

基于细网格			基于离散采样点		基于等高线	
隔行重采样	内插采样	最近点法	离散点直接插入法	逐点法	等高线离散法	
隔 N 行重采样		双线性法		局部法	等高线内插法	预定轴向法
				整体法		最大坡降法
简单筛选			TIN 内插法	平面内插法	等高线构建 TIN 法	
沿对角线重采样		局部曲面法		曲面内插法		

与 TIN 模型相比，Grid 模型具有表达、存储、处理和显示均较简单快捷的特点，容易设计多细节层次模型算法，很适合大场景可视化建模，利用 Grid 模型可以很容易地计算出等高线、坡度坡向、山坡阴影和自动提取流域地形，因此它是使用得最广泛的模型。但 Grid 模型不能很好地表达地形起伏较大的区域，存在大量的冗余数据，其主要缺点如下。

（1）在地形简单、平坦的区域存在大量冗余数据。

（2）用于非矩形的不规则区域时，边界要做特殊处理。

（3）若不改变格网尺度，则无法适用于地形起伏程度不同的区域。

（4）由于栅格过于粗略，不能精确表达某些重要的地形特征，如山峰、洼坑、山脊、山谷等。

4）混合结构模型

用规则格网 DEM 表示地形的缺点是整个区域的格网尺寸必须完全一致，难以随地形的起伏而变化。这时格网尺度的选择通常会陷入两难境地：格网过密，平坦区域会出现数据冗余；格网过疏，地形起伏复杂的区域不能完全展示地貌细节。因此，常常出现在地形简单的区域出现大量的数据冗余，而在地形复杂的区域分辨率却较低的矛盾，这给实际应用带来了诸多困难。针对这个问题，专家学者提出了许多对规则格网 DEM 进行改进的方法，如变格网尺度 DEM、Grid-TIN 混合式 DEM 等，如图 4-7 所示。变格网尺度 DEM 的采样间隔随地形复杂程度的变化而变化，在地形简单的区域采样间隔大，而在地形复杂的区域则相应地减小采样间隔。改进后的这种混合 DEM 将不再拥有"规则"的网格，这无疑给数据结构的设计与管理带来了巨大的麻烦，失去了规则格网 DEM 用高程定位的方便性。

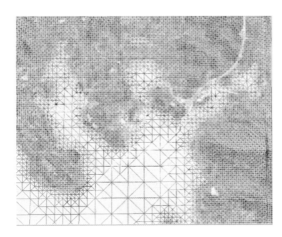

图 4-7　混合结构 DEM

Grid-TIN 混合 DEM 是由德国慕尼黑大学的 Ebner 于 1989 年提出的，它在一般的区域采用规则格网 DEM 数据结构（也可以采用变格网尺度 DEM），具地形特征（断裂线、结构线、河流线等）处采用不规则三角网的数据结构。这种 Grid-TIN 混合 DEM 虽然能很好地避免平坦区域的数据冗余，但数据结构更为复杂，管理起来更不方便，实际应用中使用得较少（李成名等，2008）。

5）三维地形简化

三维地形模型涉及的原始数据量非常大，如果用这些数据直接生成地形，则即使是在高性能的图形硬件平台上，要进行实时渲染，几乎也是不可能的，因此通常要对数据进行一定的简化。而最基本的简化方法就是裁剪掉视景体以外的多边形，但这还远远不够，因为当距离较远时，视景体也可以延伸覆盖一个非常大的场景。为此，学者们提出了许多三维地形简化的方法，包括层次细节简化方法、多分辨率模型简化方法等。层次细节简化方法是在不影响画面视觉效果的前提下，通过逐次简化景物的表面细节来降低场景的几何复杂性，从而提高绘制算法的效率。该方法通常会为每个原始多面体模型建立几个不同逼近度的几何模型。与原始模型相比，每个几何模型均保留了一定层次的细节。当从近处观察物体时，采用精度比较高的几何模型，而当从远处观察物体时，则采用较为粗糙的几何模型。多分辨率模型简化方法是对物体的几何性质、表面性质、纹理等进行多分辨率的分析和造型，并根据物体在屏幕上覆盖面积的大小选择相应分辨率下该物体的简化模型，同时尽量减少三角形的数量，以使得在给定视点下获得的图像效果与用最精确的模型绘制出的图像的效果完全相同，或差距在一定范围内，从而大大提高绘制效率。

2. 三维图形变换

将几何对象的三维坐标转换到其在屏幕上对应的像素位置，需要进行一系列坐标变换，一般统称为三维图形变换，它是平移、旋转、缩放和投影等变换的组合。下面主要介绍投影变换。

投影变换有两种方式，分别为正射投影和透视投影。正射投影的视点在世界坐标系的无穷远处，且投影平面垂直于投影方向的是正平行投影。正射投影的视线从无穷远处的视点出发，因此可以被看作平行的，其特点是无论视点到视景体的距离有多远，经过投影后，物体的大小总是不变的。因此，正射投影主要用在建筑设计和计算机辅助设计中。虽然正射投影的计算量小，几何尺寸精确，但缺乏深度效果，不能做逼真的图形展示，没有"远小近大"的视觉效果。透视投影的效果同现实生活中人们所看到的景物效果一样，即距离视点越远的物体看起来越小，而距离视点越近的物体看起来越大。透视投影通常用在视景仿真和模拟真实场景的应用程序中。

图 4-8 为一个三维透视投影的视景体，其中近平面 P_1 和远平面 P_2 为矩形且互相平行。视点到近平面的距离为 n，到远平面的距离为 f。设近平面左下角点 a_1 的三维空间坐标为 (l, b, n)，右上角点 c_1 的三维空间坐标为 (r, t, n)，则这一透视投影变换可用矩阵 $\boldsymbol{P}$ 表示：

$$\boldsymbol{P} = \begin{bmatrix} \dfrac{2n}{r-l} & 0 & \dfrac{r+l}{r-l} & 0 \\ 0 & \dfrac{2n}{t-b} & \dfrac{t+b}{t-b} & 0 \\ 0 & 0 & \dfrac{-(f+n)}{f-n} & \dfrac{-2fn}{f-n} \\ 0 & 0 & -1 & 0 \end{bmatrix} \quad (l \neq r,\ t \neq b,\ n \neq f) \qquad (4\text{-}2)$$

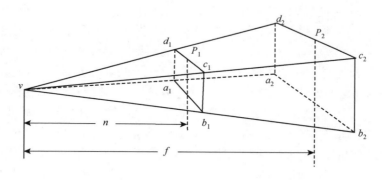

图 4-8　三维透视视景体

3. 纹理映射

所谓纹理映射，即把纹理图像"粘贴"到物体表面，以使物体具有真实感。对于 DEM 来说，可将遥感图像、航空相片、数字栅格地形图作为纹理图像粘贴到三维模型上。为使纹理与地形吻合，纹理通常采用正射影像的图片，对于一些非正射影像的图片，可以预处理成正射影像的图片。纹理映射需要完成以下几个步骤：准备纹理数据、组织纹理数据、定义映射方式、绘制场景、给出顶点的纹理坐标和几何坐标。下面介绍纹理数据准备和映射方式定义。

1）纹理数据准备

从资源卫星上获得的多光谱影像数据，已做了最初的大气辐射校正和几何粗校正。将其中的波段 3、波段 2、波段 1 分别作为红、绿、蓝三种颜色，经过合成得到最初的影像数据，然后将其转换为相应拍摄区域带有地理坐标信息的 JPG 格式数据，并作为纹理。为了提高纹理映射的精度和真实感，需要对纹理数据做进一步的校正及镶嵌工作，图 4-9为纹理数据的制作流程。

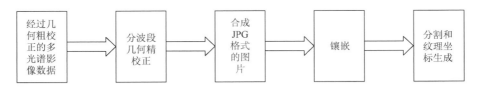

图 4-9　纹理数据制作流程

2）映射方式定义

纹理的映射方式直接影响最终生成的图形的真实性。从数学的观点来看，映射可用式（4-3）描述：

$$(u,v) = f(x,y,z) \tag{4-3}$$

式中，(u,v)、(x,y,z) 分别表示纹理空间和物体空间中的点的坐标。

纹理映射的基本思路是把纹理影像"粘贴"到由 DEM 数据所构成的三维模型上。纹理映射的关键是实现影像与 DEM 之间的正确套合，使每个 DEM 格网点与其所在的影像位置一一对应，保证纹理在变换时与其所附着的曲面保持适当的关系。对于原始影像，可以根据成像时的几何关系，利用共线方程计算出每一个 DEM 格网点所对应的像坐标，并将其作为纹理映射时纹理坐标的依据。

4.2.2　地物场景建模

泥石流三维地理环境中的地物主要指泥石流发生区域的人工构造物或自然景物，包括房屋建筑、既有道路、树木、江河湖泊等。将高分辨率遥感影像作为地形纹理映射到数字地形模型上，只能较清晰地反映这些地物的边界或位置信息，并不能表达它们的三维信息和特有的属性及行为信息，并且由此构建的虚拟地理环境真实感和沉浸性较差，尤其在立体透视环境下显示时，不能很好地满足视觉需求。因此，本书将这些地物从地形中分离出来，作为独立对象进行三维建模。地物场景建模实际上是在考虑地形起伏的情况下，在地形环境中建立地物场景模型的过程，主要涉及地物的几何建模和地物与地形的匹配问题。由于地物要素的多样性，其几何建模方法和与地形的匹配策略各有不同，所以需要先对泥石流三维地理环境中的地物进行分类，再分别研究其三维建模方法。

1. 三维地物对象分类

现实世界中的对象是复杂多样的，传统的地图制图学将现实世界中的对象经过抽象划分为水系、交通、居民地与建（构）筑物、管线及附属设施、境界、地貌、植被和土质等制图要素。在二维 GIS 中，上述几类地物根据其在平面上投影类型的不同，又被抽象为点、线、面三类对象。每一类对象根据具体属性的不同分别被配以不同的符号、线型、颜色和填充，经过这种分类、抽象与表达，复杂的现实世界就可以在二维地形图上被准确清晰地表达。三维地物实际上也包括这些种类，但与二维地物的表达不同，三维地物需要以真实表达地物外形、外观为目标。

数字城市包含比较典型的三维地物对象，即建筑物、水系、交通、境界、地形、地貌、植被、管线、栅栏、独立地物 10 类要素。同时根据构建的面向实体的三维空间数据模型，这些地物又可分为点状、线状、面状对象，对这些对象使用符号匹配、三角剖分的方法可以实现三维可视化。

1）点状地物

在三维景观中，行树、路灯、公用电话、垃圾桶、管线点等三维对象可以被看作点状对象，使用提前制作的三维模型符号，借助二维数据中点状对象的几何位置和属性信息（如树的类别、路灯的高度、管线点的管顶高程等）可以自动生成三维符号。其中类别或类型信息控制点状模型的选取，平面坐标决定符号的平面位置，高度、角度控制比例因子和旋转因子。

与二维符号不同，三维符号不再只是对平面大小、颜色、线型、点状符号及充填符号进行变换处理。三维符号除具有三维方向的尺寸信息外，还具有样式、纹理等信息，匹配过程更为复杂。为了能真实表达现实世界，同时兼顾计算机处理能力和成本，三维模型应尽可能简化，在达到逼真效果前提下实现高效率场景绘制。图 4-10 展示了一些常见的点状地物模型的符号。

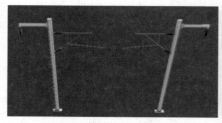　　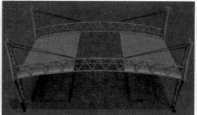

接触网支柱　　　　　　　　通信基站　　　　　　　　站台

图 4-10　点状三维符号

2）线状地物

对于围墙、栅栏、地下管线等线状对象，使用线状对象的匹配算法可以实现快速构建。下面以地下管线为例介绍线状对象的构建方法。

在平面图上直接表达的一段管线，在现实世界中包含了走向、长度、半径、高度四个方面的信息，其中走向和长度可以直接从二维几何信息中获取，而半径、高度则需要从属性信息中获取。假设管线的三维符号是长度和直径，均为 1 个单位，则任意一段管线可以通过三维管线符号的缩放、旋转和平移绘制出来，具体过程如下：①计算缩放因子。三维管线符号的缩放因子取决于管线的长度和直径（图 4-11），由管线的始点和末点的中心线高程可以计算出管线在三维空间中的长度。②计算旋转因子。三维管线符号的旋转因子取决于管线两端的三维坐标，它由水平面和垂直面上的旋转角度决定[图 4-12（a）]。③计算平移因子。三维管线符号的平移因子取决于管线中心点的三维坐标。

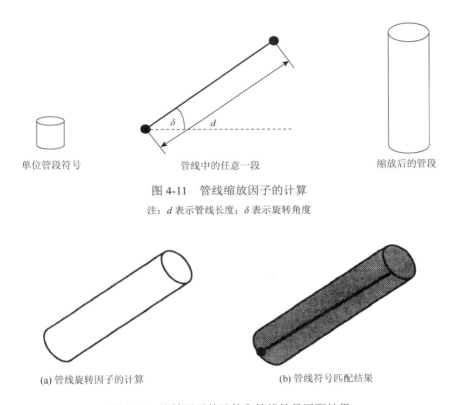

单位管段符号　　　　　管线中的任意一段　　　　　缩放后的管段

图 4-11　管线缩放因子的计算

注：d 表示管线长度；δ 表示旋转角度

(a) 管线旋转因子的计算　　　　　(b) 管线符号匹配结果

图 4-12　旋转因子的计算和管线符号匹配结果

3）面状地物

三维地理信息系统对面状地物的表达十分丰富，如地面、绿地、道路、河流以及建模物的各个侧面等，但对这类对象进行建模难度也较大。其中地面的表达通常借助数字高程模型和数字正射影像来完成，已经有较为成熟的建模方法。鉴于其他对象空间表现的复杂性，目前依据简化原则仅以相对规则的空间形状对其进行自动建模，并配以相应的纹理以增强表达的形象化。

（1）空间形状的建模。通过对现实世界的抽象与简化，本书总结了利用道路、绿地、河流、块状楼房等对象的底座进行三维建模的规则（图4-13），并将影响其外观的几何、纹理数据参数化。这些参数可以直接从二维属性数据中提取，也可以由用户交互操作指定。

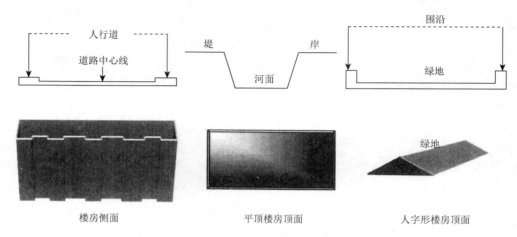

图 4-13　部分三维对象的三维表达规则

（2）顶面和侧面纹理的匹配。与二维地理信息系统的显示机制不同，三维图形显示机制不支持凹多边形的显示和纹理映射。为了正确显示和匹配纹理，通常需要将凹多边形进行三角剖分，形成最小的图形单元——三角形。将任意凹多边形进行高效三角剖分的算法较为复杂，这里简要介绍三角剖分的基本思想和其算法的基本思路。

①三角剖分的基本思想。首先不管多边形的凹凸性，从原始多边形中寻找一个可剖分顶点，对原始的多边形进行划分，从而分割出一个三角形，同时产生一个新的多边形，然后判断新生成的多边形的凸凹性，若为凸多边形，则顺序连接多边形各点，生成三角形网，算法结束；否则对新生成的凹多边形进行递归操作，直到原始的多边形被划分成一系列三角形和一个凸多边形。

②三角剖分的算法描述。依据前述多边形三角剖分的基本思想，可以得到三角剖分算法基本步骤。

步骤1：首先找到多边形的一个凸顶点，然后直接判断凸顶点是否为可剖分顶点，若是，则跳转到步骤2；否则继续执行步骤1，直到找到的凸顶点为可剖分顶点。

步骤2：以步骤1所找到的可剖分顶点对多边形进行划分操作，分割出一个三角形和一个新的多边形，同时记录下该三角形和新的多边形。

步骤3：对新生成的多边形进行凸凹性判断，若为凸多边形，则算法结束；否则对新生成的多边形再递归调用步骤1和步骤2的算法，直至新生成的多边形为凸多边形。

上述三角剖分算法涉及三个基本算法：点在多边形内、外的判断算法，凹、凸顶点的判断算法，以及寻找可剖分顶点算法。关于这些算法，目前研究较多且已经比较成熟，可参考相关文献。为了能够正确匹配纹理，需要指定纹理匹配方式（拉伸或平铺）

并计算完成三角剖分后每一个顶点的纹理的坐标。例如，将一片草地的纹理以拉伸方式匹配到绿地对象，如图 4-14 所示。

图 4-14　顶面纹理的匹配示意图

4）泥石流地物分类方法

泥石流三维地理环境中的地物分类方法如下。

（1）根据地物对象在二维投影图上的几何形状特征，可以分为近似点状地物、带状地物和面状地物。常见的近似点状地物如树木、房屋建筑等；带状地物如河面较窄的河流、道路、管线等；面状地物如湖泊等。

（2）根据地物对象与时间的关联关系，即地物是否具有运动特征，可以分为静态地物（如树木）和动态地物（如汽车）。

（3）根据地物对象在空间上与地形的关联关系，可以分为与地形弱关联的地物和与地形强关联的地物。与地形弱关联的地物与地形的关系为相对位置的关系，地物表层的属性信息不会随着地形表层的变化而变化，大部分的近似点状地物属于这一类，如树木、电线杆等。与地形强关联的地物与地形的关系为融为一体的关系，也可看作地形的一部分，只是将其单独划分出来便于控制，其表层的属性信息会随着地形表层的变化而变化，大部分的带状地物和面状地物属于这一类，如道路、湖泊等。地物分类方法如图 4-15 所示。

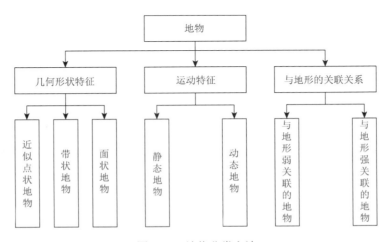

图 4-15　地物分类方法

2. 真实感地物建模方法

真实感地物建模是将现实地物对象进行抽象化、格式化、数字化并转化为三维信息模型的过程，描述的是地物对象的形状、属性（颜色、纹理等）信息。考虑到铁路选线设计系统不同于一般的虚拟现实视景仿真系统，根据前述分类方法，在系统中考虑与地形弱关联的树木、房屋建筑等静态地物，以及与地形强关联的河流、道路等带状地物和湖泊水系等面状地物的建模问题。

1）树木、房屋建筑建模

（1）树木模型。现实自然环境中的树木具有数量众多、几何结构复杂等特点，针对树木建模较常见的方法有三种：采用透明纹理的面向表达的方法、基于分形系统的方法和采用三维几何结构的方法。后两种方法都能生成复杂逼真的树木模型，但绘制效率较第一种方法低，适用于以树木为研究重点的仿真系统，而第一种面向表达的方法采用了基于图像的绘制技术，具有绘制效率高、可视化效果不错等特点，适用于不需要对树木模型进行分析和计算的交互式仿真系统，泥石流三维地理环境宜采用第一种树木建模方法。

采用透明纹理的面向表达的树木建模方法其原理是以贴有树木透明纹理的一个或多个矩形面代替复杂的树木模型，并始终让矩形面绕场景空间坐标系中的 Z 轴旋转。该方法的基本步骤如下：①制作一张带 alpha 通道的树木透明纹理图片；②绘制一个四边形或者两个相互垂直的四边形；③进行透明纹理映射，生成单片树或者十字树。需要注意的是，对于单片树而言，在场景中还需要保证其正面总是朝向观察者，这通过计算单片树四边形的法向量保持观察者与视线方向平行即可实现，同时大量相同类型的树木在大小上应该具有一定的差异性，这可以采用随机函数控制四边形的长宽值实现。

（2）房屋建筑模型。铁路沿线的房屋建筑采用两种建模方法：对于周边居民区大量结构类似的房屋，进行统一抽象，使用 CSG 和 BRep 混合模式表示方法，建立典型房屋三维模型；对于沿线个别复杂的建筑物，利用商业化建模软件 AutoCAD 和 3D Studio Max 等来构建精细三维模型，所有模型输出后存储在模型库中。商业软件建模方法比较成熟，本书重点对典型房屋的三维建模进行描述。

根据房屋底部边界线的形状可以将典型房屋分为矩形和多边形房屋，根据顶面的形式可以分为平顶、单坡顶、双坡顶、四坡顶房屋，乡镇房屋一般以平顶和双坡顶房屋居多。多边形房屋按照 CSG 方法进行几何形体的初步分解，用 BRep 方法进行细部划分和描述，一个多边形房屋可以由多个矩形体组成。

典型的平顶矩形房屋的几何建模（图 4-16）方法如下：假设屋顶角点 P_i 的三维坐标为 (X_i, Y_i, Z_i) $(i=1,2,3,4)$，则房屋顶部的高程为

$$Z = \frac{1}{4}(Z_1 + Z_2 + Z_3 + Z_4) \tag{4-4}$$

最终有 $Z_1 = Z_2 = Z_3 = Z_4 = Z$。

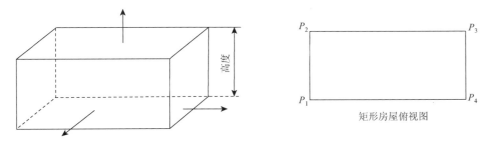

图 4-16　典型平顶矩形房屋几何建模

多边形房屋由矩形房屋体素组合而成，其建模算法步骤如下：①根据房屋提取建模信息，对房屋进行体素初步分解，多边形房屋分解为矩形房屋块，有廊台的房屋其廊台也作为矩形房屋块处理。②每个矩形房屋块由墙面和屋顶组成，根据提取的几何信息和屋顶类型，分别对墙面和屋顶进行三角剖分和纹理映射，形成几何体。其中，由多边形角点平均高程加上矩形房屋块的高度得到屋顶高程。③通过对每个矩形房屋块形成的几何体进行交并处理（即体素装配），形成典型房屋模型。具体算法流程如图 4-17 所示。

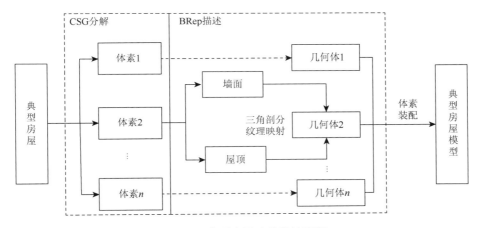

图 4-17　典型房屋建模算法流程

2）道路、河流等带状地物建模

带状地物依附于地形表面，覆盖地形较广，其特点是在地形图上有明确的边界，且道路、河流等带状地物一般具有规则边界。真实感带状地物建模算法步骤描述如下：①根据带状地物的总长度和拟分段的长度进行分段。②针对每一段，输入按照采点间隔采样的带状地物中心线三维点坐标，并存储至数据结构中。③根据数据结构中的点坐标和地物宽度，计算带状地物的左边界和右边界。④如果建模对象考虑边坡，那么根据边坡斜率和地物左、右边界计算左、右边界边坡外边界。⑤根据左、右边界绘制地物对象三角形片，如果边坡存在，根据步骤④计算的边坡外边界和左、右边界绘制左、右边坡的三角形片。⑥计算纹理坐标，读取纹理并进行纹理映射，以采点间隔进行纹理贴图。⑦循环处理步骤②～⑥，直至处理完所有分段对象。

3）湖泊水系等面状地物建模

湖泊水系等面状地物虽然没有规则边界，但是其边界高程近相等，建模相对比较简单，其建模算法步骤描述如下：①根据在正射影像上获取的边界水平坐标和面状地物近似高程，确定边界点三维坐标。②构建边界多边形，并进行三角剖分。③进行纹理映射，形成面状地物模型。

对于湖泊等水系要素，如果让水面流动起来，那么呈现给用户的虚拟场景真实感就更强，本书在不改变模型几何结构的基础上，通过纹理的动态更新，实现水面流动效果。纹理的动态更新原理：在不同的时刻通过更改纹理图片或纹理坐标达到改变纹理的效果，显然水面流动效果应该采用动态更改纹理坐标实现，通过一个线性函数控制纹理坐标，产生偏移，同时控制时间参数，使这种偏移看起来是连续的。

3. 地物与地形的融合方法

在进行三维可视化表达时，不可避免地涉及地形和地表的多种地物（如道路、桥梁、绿地、建筑物等）的集成管理。在现实世界中，由于受地心引力和人为因素的影响，任何地物模型总与地形有不同程度的接触关系，即地物一定要与地形进行匹配。而在三维场景的构建中，如果地物没有与地形相融合（或匹配），就会出现诸如地物飘浮在空中或钻入地下的情景，如图 4-18 所示。

图 4-18　三维模型与地形叠加显示时的不匹配现象

1）地物与地形不匹配的原因及解决方法

造成地物与地形不匹配的原因较为复杂，主要的原因在于以下几点。

（1）地物、地形模型往往是通过不同精度的数据源构建的。随着经济建设的迅速发展，目前我国绝大多数城市的平面地图更新周期较短，多数地物模型的数据精度已经达到了（1∶2000）～（1∶500），而地形模型的数据精度基本仍为 1∶10000，甚至更低。当两类不同精度的数据叠加在一起显示时，水平以及高度方向上的不一致在所难免。

（2）地形、地物模型是由不同建模软件生成的。地形的数字高程模型通常在数字摄影测量工作中由专业的软件生成，也可以在 GIS 软件中由等高线或高程点经数据插值生成，主要用规则格网表示。而地物模型通常在三维建模软件（如 3D Studio Max、Vega

Creator 等）中构建，常用三角形表示。在真实世界中，地物的基准面往往是水平的，而地形是有高低起伏的，故常常会出现地物所匹配的区域跨在两个或多个高度不同的地形格网上，导致二者在叠加过程中不匹配。

（3）地形、地物的多层次模型导致地形、地物不能准确匹配。在三维场景数据量超过计算机实时管理能力时，地形以及地物 LOD 模型的使用是实现系统实时运行的主要手段。当地形从一个精细 LOD 层次向另一个粗略 LOD 层次过渡时，用于表达地形的格网面片的分割将发生变化，地形与地物的正确匹配也将不再保持。

为了使三维可视化场景中的地形与地物相匹配，主要采用以下一些策略进行地形和地物的修正。

（1）在基础数据的选择上，根据实际应用的需要，选择适当精度的地形和平面底座数据。在条件允许的情况下，尽量提高 DEM 数据的精度，并忽略市区地形的细微高差。

（2）在地形模型的基础上，遵循以下原则选择规则格网或三角网：①在中小比例尺条件下，采用规则格网结构描述 DEM，因为其结构简单，负载均衡，磁盘存储容易管理，有利于 LOD 的自动生成，也有利于地物与地形分开建模以及实现两者的自适应匹配；②在目视比例尺条件下，采用三角网数据结构，它可以精细地刻画地表形态。

（3）基于软件实现地形与地物的匹配。在使用以上策略的基础上，如果地形与地物仍然不能正确匹配，可以考虑使用相关软件进行地形与地物的匹配。例如，ArcScene 中可以通过添加三维符号进行地形与地物的匹配，因为该软件已经考虑了地形与地物的匹配算法。

2）与地形弱关联的静态地物与地形的融合

对于树木模型，只考虑空间位置上的融合，对于不同 LOD 层次等级的地形块，同一树木模型在其上的位置略有不同，假设地形 LOD 层次等级为 n，其点位融合算法描述如下。

（1）通过遥感正射影像或者二维平面地图获取模型待插入点平面坐标 $P(x_i, y_i)$，对应 n 层地形，内插出 n 个三维坐标点。

（2）记录第 l 层（$0 \leqslant l \leqslant n$）地形的内插三维坐标，为 $P_{il}(x_i, y_i, z_{il})$，即模型在第 l 层地形中的点位为 P_{il}，将模型基准点 O_i 设置在模型底部，设置模型的当前放置位置为 P_{il}。

（3）当地形块层次等级 l 变化时，读取对应层级的三维坐标点，更新点位 P_{il}，并更新模型显示。

对于沿线房屋建筑模型而言，在点位融合的基础上，还需要调整其空间姿态，这主要通过旋转、缩放和平移操作完成。在旋转方面，由于建筑物总是垂直向上的，故实际上只需考虑绕 Z 轴的旋转。在缩放方面，建筑物长宽高比例一致，只需计算一个方向上的参数就能实现全局缩放。在平移方面，建筑物虽然属于点状地物，但是存在底座角点，在局部地形变化大的地方，可能会出现底座悬空，故根据上述点位融合算法进行点位计算之后，还需要沿 Z 轴进行平移操作。房屋底座悬空示意图如图 4-19 所示，房屋旋转和缩放姿态融合示意图如图 4-20 所示，虚线矩形框表示通过点位融合计算后，模型位于放置位置 P_{il} 处，实线矩形框表示实际方位和底座大小，房屋建筑姿态融合方法如下。

（1）读取建筑物模型，记录其底座长度 X_1，并根据实际的长度 X_2 计算全局缩放比例，即 scale $= X_1/X_2$。

（2）由实际底座矩形框的位置计算模型绕 Z 轴旋转的方位角 α。

（3）设置全局缩放操作和绕 Z 轴旋转操作。

（4）计算建筑物底座各角点与地形的距离，地形在角点之上，距离值为负，反之为正，找出该距离的最大值，并记为 h。

（5）建筑物沿 Z 轴向下平移 h。

（6）当地形块层次等级 l 变化时，更新点位 P_{il} 和 h 的值，并更新模型显示。

在实际选线系统的虚拟地理环境大场景仿真中，该类地物数量最多，其融合算法一般结合 LOD 算法使用，在远视点下或者地形 LOD 等级较低时，选择粗糙模型显示或者关闭显示。

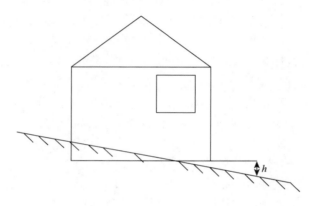

图 4-19　房屋底座悬空示意图

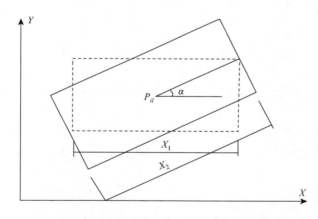

图 4-20　房屋旋转和缩放姿态融合示意图

3）与地形强关联的带状、面状静态地物与地形的融合

与地形强关联的带状、面状静态地物与地形在本质上是融为一体的，所以其融合

算法需要考虑对地形的修改。带状地物和面状地物在 DEM 分块格网上的边界投影示意图如图 4-21 所示。由图 4-21 可知，带状地物可以考虑为面状地物的一种特殊表现形式。

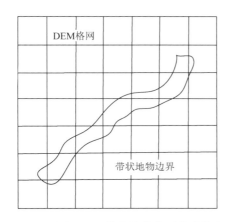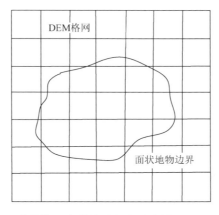

图 4-21　带状地物和面状地物在 DEM 分块格网上的边界投影示意图

融合算法步骤如下。

（1）根据地物建模计算中的边界点，按照逆时针方向组成多边形闭合边界。

（2）计算多边形闭合边界与地形网格的交集。遍历当前地形层的所有地形块，对存在交集的地形块进行构网修改或删除（地形块完全在地物多边形边界范围内）。

（3）针对每一层地形循环处理步骤（2）。

（4）重复步骤（1）、步骤（2）、步骤（3），循环处理所有该类对象。

通过以上融合算法能实现地物与地形的无缝融合，但是由于地形 LOD 的设置，融合地形的过程需要分层逐地块进行，故计算时间较长，考虑到选线设计过程并不需要对该类地物进行实时动态构建，只需要做到调用时能快速显示即可，所以本书采用与地形处理类似的方法，通过离线预处理策略，在每次创建新地形时，执行一次该类地物的建模和融合参数的计算，并进行存储，以供场景快速调用与显示。该方法既保证了地物建模的精度和逼真度，又满足了实时快速显示的需求。

4.2.3　泥石流灾害过程建模

灾害过程根据灾害类型不同其建模方式也不同，例如，地震影响烈度反映了地震强度空间分布，地震过程建模通常根据烈度衰减关系模型形成不同的椭圆面，从而表征不同强度作用下地震的影响范围（孙继浩和帅向华，2011）；洪水灾害包括城市内涝和山洪，城市内涝一般采用多边形作为底面，以虚拟地形场景为基准，根据洪水水位变化进行多边形面高度的拉升（祝红英等，2009；Evans et al.，2014）；山洪、泥石流与滑坡类似，其运动学过程和物理特征相当复杂，通常采用专业的地学模型和水力学模型模拟其复杂的时空变化过程，得到每个时刻的状态，然后在地理场景下对模拟过程进行建模表达（黎夏等，2009；Dottori and Todini，2010；阎国年，2011；Yin et al.，2017）。

任意时刻的泥石流状态包括泥深和流速等信息，这些信息用于支持泥石流三维动态可视化模拟与演变。为避免出现数据处理缓慢、数据解析复杂以及数据冗余等问题，本书只存储有泥深值的格网数据。

泥石流模拟结果构网过程如图 4-22 所示。对每个有泥深值的格网进行遍历和计算，依据其周围 2×2 的 4 个相邻格网单元有无泥深值，主要分 5 种情形进行泥石流表面三角网模型的构建，并采用链表存储泥石流坐标、泥深值以及索引号。依照上述方法，按照顺时针方向将格网单元顶点的索引号加入构建的三角网的索引列表并进行三角形的构建，依次循环即可快速构建泥石流表面三角网模型。

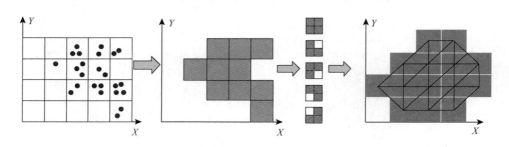

图 4-22　泥石流模拟结果构网过程

4.3　空间语义约束下泥石流场景融合建模

4.3.1　泥石流场景融合建模流程

本节将灾害场景对象划分为基础地理对象、灾害对象、灾情对象、次生灾害对象和应急管理对象几类，然后针对相应的模型和数据给出统一的语义描述并进行有效存储，而如何基于这些数据实现灾害虚拟三维场景的快速融合构建是需要解决的关键问题。基于此，本节提出空间语义约束下灾害场景融合建模方法，建模流程如图 4-23 所示。本书力图通过设计空间语义约束规则对灾害场景对象进行限制和引导，进而实现灾害虚拟三维场景快速构建。

空间语义约束规则主要包括空间方位、属性类别和空间拓扑三个方面。空间方位语义处理灾害对象、灾区建筑和地形模型之间的地理位置配准和姿态表达问题；属性类别语义以地理空间位置为基础，实现非空间属性数据与灾害场景融合表达；空间拓扑语义使得不同灾害场景对象的空间布局和空间拓扑关系得到正确表达。在上述空间语义约束规则引导和约束下，可通过定位、贴合、平移、旋转和删除等融合建模操作对场景进行修改与优化，例如，当道路中心线与三维地形模型融合时，若出现悬浮或深埋等现象，可采用向上平移或重新根据新的地形 LOD 层次计算道路中心线高程。通过空间语义约束规则，能够有效实现将灾害场景概念模型快速转化为灾害虚拟三维场景。

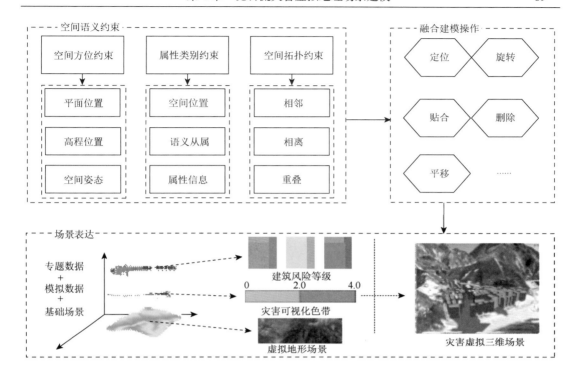

图 4-23　空间语义约束下灾害场景融合建模流程

4.3.2　空间语义约束规则

1. 空间方位语义

空间方位语义主要包括空间位置和空间姿态,空间位置又分为平面位置和高程位置,空间位置旨在对灾害场景对象在地理空间中进行定位,可以采用地理坐标系中的经度、纬度和大地高表示模型的空间位置,也可以采用空间直角坐标系的 (X, Y, Z) 表示。高程位置可同平面位置一样在构建场景对象时指定,也可根据平面位置和地形模型实时计算。空间姿态主要处理场景对象之间的空间姿态匹配关系,在灾害场景构建中存在多种姿态计算关系。例如,三维场景对象本身需要进行姿态计算,场景漫游同样需要根据模型的姿态等计算出灾害场景对象正确的姿态角,以实现对灾害虚拟三维场景的准确表达,同时提升场景可视化效果。

空间姿态角主要包括偏航角、俯仰角和翻滚角三种,分别表示绕 Z 轴、Y 轴和 X 轴旋转,如图 4-24 所示。为了让读者更加清晰直观地理解三种空间姿态角的含义,可以作如下设想:在虚拟三维场景中歼击机做空中飞行表演,其中以大仰角爬升的角度是俯仰角,平面上航向改变的角度表示偏航角,做特技表演时翻滚的角度则为翻滚角,由于灾害场景所涉及的三维模型大多为地表模型,故无须考虑翻滚角,本节对其计算方法不作进一步阐述。

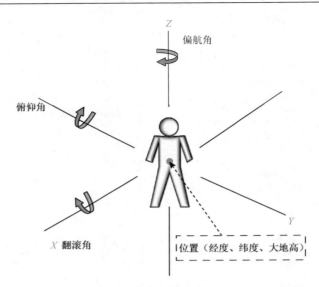

图 4-24　空间位置和空间姿态

1）偏航角

偏航角在地球科学领域又称为方位角（azimuth），主要用于展示二维平面上的角度变化，若以正北方向为起点顺时针转向正南方向，其范围为 0°～180°，若从正南方向转向正北方向，其范围为–180°～0°。如图 4-25 所示，在地球表面存在 A、B 两点，N 为正北方向，弧线 NA 和弧线 AB 构成的夹角 $\angle NAB$ 则是 AB 连线的方位角。利用三面角余弦公式和球面三角正弦定理可得

$$\cos c = \cos a \times \cos b + \sin a \times \sin b \times \cos \angle ANB$$

$$\sin \angle NAB = \sin a \times \sin \angle ANB / \sin c \qquad (4\text{-}5)$$

式中，c 表示 OA 与 OB 之间的夹角；a 表示 OB 与 ON 之间的夹角；b 表示 OA 与 ON 之间的夹角；$\angle ANB$ 表示二面角 $A\sim ON\sim B$。将 A 点的经度 A_{lon} 和纬度 A_{lat} 以及 B 点的经度 B_{lon} 和纬度 B_{lat} 分别代入式（4-5），即可得出式（4-6）。

$$
\begin{cases}
\angle c = \arccos\big[\cos(90°-B_{\text{lat}})\times\cos(90°-A_{\text{lat}}) \\
\qquad + \sin(90°-B_{\text{lat}})\times\sin(90°-A_{\text{lat}})\times\cos(B_{\text{lon}}-A_{\text{lon}})\big] \\
\angle NAB = \arcsin\left(\dfrac{\sin(90°-B_{\text{lat}})\times\sin(B_{\text{lon}}-A_{\text{lon}})}{\sin c}\right)
\end{cases}
\qquad (4\text{-}6)
$$

$$
A_{\text{azimuth}} =
\begin{cases}
\angle NAB & B\text{点在第一象限} \\
180°-\angle NAB & B\text{点在第二象限} \\
180°+\angle NAB & B\text{点在第三象限} \\
360°-\angle NAB & B\text{点在第四象限}
\end{cases}
$$

式中，A_{azimuth} 表示计算得出的 AB 连线的方位角，其结果分四个象限讨论。

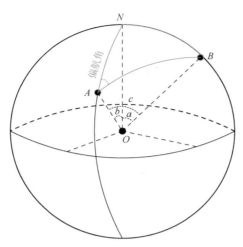

图 4-25　地理空间中方位角示意图

2）俯仰角

假设 A 点和 B 点是具有海拔的两点，那么 OA 和 OB 的长度则等于地球半径 R 加上海拔 H，过 B 点的切线与 AB 线形成的夹角即为 B 点相对于 A 点的俯仰角，如图 4-26 所示。

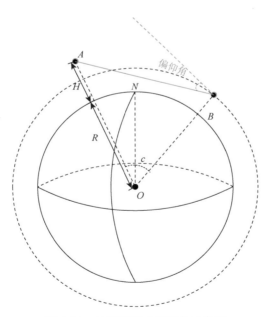

图 4-26　地理空间中俯仰角示意图

接下来可以采用式（4-7）计算 B 点相对于 A 点的俯仰角。

$$\begin{cases} \sin\angle OBA = \dfrac{OA \times \sin c}{AB} \\ AB = \sqrt{OA^2 + OB^2 - 2 \times OA \times OB \times \cos c} \end{cases} \tag{4-7}$$

式中，c 表示 OA 和 OB 之间的夹角；$\angle OBA$ 表示 B 点相对于 A 点的仰角的余角，若 $\angle OBA$ 大于 90°，则仰角为 $\angle OBA$ 减去 90°。

2. 属性类别语义

支撑灾害三维场景构建的多源数据除了丰富的地理空间数据外，还包括社会统计信息等非空间数据，如受灾人口、经济损失、淹没面积等，这些数据对于灾害场景表达与灾情信息传递同样具有十分重要的价值。一部分非空间信息（如泥深值）直接通过空间化处理在场景中进行展示，一部分属性数据根据非空间数据的类型和格式，采用数据库进行管理，主要包括属性表设计和语义关联两个部分。

属性表设计以受灾建筑物为例，其主要的非空间属性包括建筑名称、建筑高度、占地面积、淹没面积以及风险等级，数据表结构见表 4-5。

表 4-5　受灾建筑物属性信息

字段	数据类型	值	说明
Name	Text	Civil house	建筑名称
Height	Float	5	建筑高度
Area	Float	25	占地面积
Inundation	Float	17	淹没面积
Risk degree	Text	Middle	风险等级

当完成非空间属性数据存储后，根据相应灾害对象的空间位置和 ID 实现其与属性数据的语义关联，避免对整个数据库进行检索操作，提升非空间信息与灾害三维场景的融合与可视化效率，如图 4-27 所示。以泥石流灾害为例，在泥石流灾害演进过程中，可实时查询泥石流流速、深度、到达时间以及淹没面积等灾情信息。

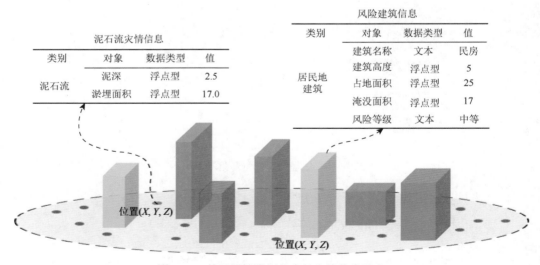

图 4-27　基于属性类别约束的灾情信息融合

3. 空间拓扑语义

拓扑关系是语义层次上的一种十分重要的空间关系，是进行空间查询、分析和推理的基础。目前，对二维 GIS 领域的拓扑关系已经有比较深入的研究，地理实体间存在相邻、连通、包含和相交等关系。而在三维 GIS 领域，由于空间对象复杂，导致三维空间中的拓扑关系也比较复杂，不但需要考虑三维模型与三维模型之间的空间拓朴关系，还需要考虑三维模型与二维模型之间、三维模型与一维模型之间的空间拓扑关系。面向灾害场景构建需求，同时考虑场景数据类型，本书选择三种拓扑语义（相邻、相离和重叠）作为空间约束规则，如式（4-8）所示。

$$R(A,B)=T(A,B)+D(A,B)+O(A,B) \qquad (4\text{-}8)$$

式中，R 表示模型 A 与模型 B 之间的空间拓扑关系；T 表示模型 A 与模型 B 相邻，即两个模型具有相同的面，但是内部不相交，如灾害模拟数据表面与地形表面贴合；D 表示模型 A 与模型 B 相离，在本书中指的是两个模型分离，不具有公共点，如两个建筑模型间不存在公共点；O 表示模型之间的贴合顺序，如地形表面在下而人员模型、车辆模型、灾害模拟数据等在上。在处理模型与地形相邻或贴合的问题上，本书利用模型二维坐标和三维地形模型，实时计算相应层级下各灾害模型的三维坐标，以解决模型悬浮以及深埋等问题。图 4-28 展示了受灾建筑物、灾害模拟信息与三维地形场景的空间分布关系。

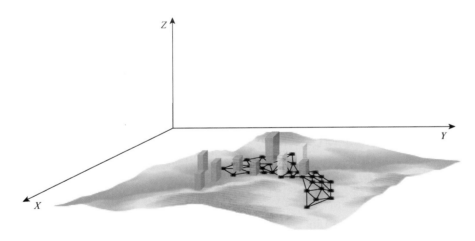

图 4-28 受灾建筑物、灾害模拟信息与地形的空间关系示意图

4.3.3 空间语义约束融合建模方法

1. 场景对象优化操作

在空间语义约束规则引导下能够实现多源数据支撑的灾害三维场景融合构建，为了使构建的三维场景更加规范，需要对场景对象进行优化，主要包括定位、旋转、平移、缩放、贴合以及删除等。其中，定位用于保证将模型放置到指定点位；旋转用于调整模

型的三维姿态；平移和缩放用于解决模型相互遮挡或相交的问题；贴合用于处理模型悬空或深埋的问题；针对房屋分布密集的区域，采取删除一些重要的模型，从而降低场景信息密度并提升可视化效果。例如，通过解析定位信息实现灾害符号的精准放置；采用公告牌（billboard）技术使灾害符号跟随视角切换并始终朝向视点；进行人物模型疏散模拟时，根据人物线路走向计算方位角和俯仰角并及时赋值给下一个时刻，以动态改变人物朝向，达到真实的可视化效果；在三维场景中容易出现前后建筑物遮挡问题，而山地灾害通常发生在人口密集的小镇，这样的小镇建筑物分布集中，在进行可视化表达时可以通过缩放、删除（或者用二维多边形替代）调节前后建筑物高度，避免出现前后建筑物遮挡问题。针对模型之间出现的相交问题，基于拓扑关系约束，对模型进行缩放，保证模型之间无缝融合。通过上述场景对象优化与多种操作的协同使用，可提升灾害三维场景的规范性和美观性。

2. 地形与地物融合处理

在进行灾害场景三维可视化表达时，不可避免地涉及三维地形场景与建筑物、道路以及重要设施的集成展示。然而，由于数据精度、质量以及来源不同，导致地物模型与三维地形场景不匹配，造成地物悬浮在空中或钻入地下。现有的解决方法主要有三种：①在有条件的情况下，尽可能提升 DEM 数据的精度和质量；②对于中小比例尺，采用规则格网构建地形模型；③重构地物底部与地形模型接触区域的三角网，实现二者的融合表达。前两种方法主要用于数据生成和建模阶段，第三种方法面临房屋数量多和场景规模大的情形时，局部修改和重构三角网的工作量相当庞大，并且会影响场景绘制效率。

本书基于道路中心线、建筑物底部轮廓和灾害符号二维数据，根据不同 LOD 层级的三维地形模型，利用式（4-9）实时计算响应层级下各数据的三维坐标，从而使得道路、建筑物和灾害符号等与虚拟三维地形场景之间的空间关系能够得到正确表达，消除地物与三维地形场景间的不匹配现象。

$$\text{Latitude}_{\text{level}} = f\left(\text{terrainProvider,level,positions}_{(x,y)}\right) \qquad (4\text{-}9)$$

式中，$\text{Latitude}_{\text{level}}$ 表示三维地形瓦片层级为 i 时相应灾害对象的三维坐标；terrainProvider 表示三维地形模型；level 表示相应的瓦片层级；$\text{positions}_{(x,y)}$ 表示灾害对象二维坐标。

详细计算过程如式（4-10）所示。

$$\text{Tilex} = \frac{(\text{lon}+180°)\times 2^{\text{level}+1}}{360°}$$

$$\text{Tiley} = \frac{(90°-\text{lat})\times 2^{\text{level}}}{180°} \qquad (4\text{-}10)$$

$$\text{Rectangle} = \text{tileXYToRectangle(Tilex,Tiley,level)}$$

$$\text{Latitude} = \text{interpolateHeight(Rectangle,lon,lat)}$$

式中，lon 和 lat 分别表示某点的经度和纬度；Tilex 和 Tiley 表示某点的瓦片坐标；Rectangle 表示该瓦片所对应的地理范围；Latitude 表示该点在 level 层级下对应的高程。

首先将地物的二维地理坐标转换为相应层级的瓦片坐标，然后根据全球地理范围（$-180°\sim 180°$，$-90°\sim 90°$）以及瓦片数量和坐标 (x,y) 计算该瓦片所对应的地理范围，最后将瓦片所对应的地理范围剖分成 $Tile_{width}$ 像素×$Tile_{height}$ 像素的网格，并根据地物的经纬度计算出网格对应的高程值，进而实现地物模型与虚拟三维地形场景的无缝融合，如图 4-29 所示。

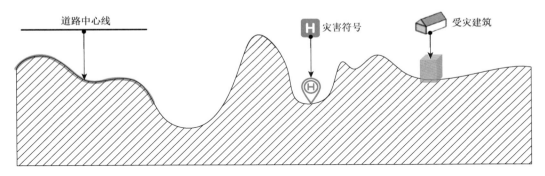

图 4-29　地物模型与地形场景融合示意图

参 考 文 献

陈彤，邓钟，2018. osg 环境下虚拟地理场景系统设计与实现[J]. 福建电脑，34（3）：50-51，53.

陈相兆，孙柏涛，李芸芸，等，2018. 基于 CityEngine 的城市建筑群三维震害模拟研究[J]. 地震工程与工程振动，38（4）：93-99.

程朋根，李志荣，聂运菊，等，2018. 基于 3DMax 与 CityEngine 的城市道路路灯快速批量自动建模方法[J]. 测绘工程，27（5）：40-45.

戴义，2018. 泥石流灾害 VR 场景动态建模与交互查询可视化方法[D]. 成都：西南交通大学.

韩莹，苏鑫昊，王帅，2017. 基于 3Ds Max 与 Unity3D 三维高层火灾逃生场景建模[J]. 信息与电脑（理论版）（6）：94-96.

黄学军，宋玮，2011. MAYA 建模实践[J]. 现代电视技术（12）：102-106.

黎夏，刘小平，何晋强，等，2009. 基于耦合的地理模拟优化系统[J]. 地理学报，64（8）：1009-1018.

李成名，王继周，马照亭，2008. 数字城市三维地理空间框架原理与方法[M]. 北京：科学出版社.

李志林，朱庆，2003. 数字高程模型[M]. 武汉：武汉大学出版社.

梁佳卿，2019. 浅谈 3D StudioMAX 在美术教学中的应用[J]. 明日风尚（7）：102.

廖志强，江辉仙，张明峰，2015. 基于 CityEngine 与 ArcGIS Online 的福建土楼三维 GIS 的设计与实现[J]. 福建师范大学学报（自然科学版），31（5）：36-43.

闾国年，2011. 地理分析导向的虚拟地理环境：框架、结构与功能[J]. 中国科学（地球科学），41（4）：549-561.

吕永来，李晓莉，2013. 基于 CityEngine 平台的高速铁路建模方法的研究与实现[J]. 测绘，36（1）：19-22.

毛蒙，2009. SketchUp&VRay 高效建筑表现从入门到精通[M]. 北京：北京科海电子出版社.

毛瑜，2019. 浅谈室内设计中 AutoCAD 和 3d Max 的应用[J]. 数码设计，8（6）：37-38.

史文中，吴立新，李清泉，等，2007. 三维空间信息系统模型与算法[M]. 北京：电子工业出版社.

孙继浩，帅向华，2011. 川滇及其邻区中强地震烈度衰减关系适用性研究[J]. 地震工程与工程振动，31（1）：11-18.

汤国安，刘学军，闾国年，等，2007. 地理信息系统教程[M]. 北京：高等教育出版社.

王海燕，2012. Maya 建模准确塑形之关键[J]. 山东农业大学学报（自然科学版），43（3）：446-448.

王昊宇，2014. 暴雨及其衍生灾害的三维影视模拟技术初探[J]. 气象与环境学报，30（6）：169-172.

王金宏，2014. 基于 GPU-CA 模型的溃坝洪水实时模拟与分析[D]. 成都：西南交通大学.

王婷，2014. 草图大师 sketch up 的绘图魅力[J]. 现代装饰（理论）（11）：186.

韦春夏，2011. 基于 ArcGIS 和 SketchUp 的三维 GIS 及其在洪水演进可视化中的应用研究[D]. 武汉：华中科技大学.

邬伦，刘瑜，张晶，等，2001. 地理信息系统——原理、方法和应用[M]. 北京：科学出版社.

吴宏，董金义，李瑞冬，等，2013. 三维可视化技术在舟曲县城区灾后重建泥石流防治工程中的应用[J]. 冰川冻土，35（2）：383-388.

杨春宇，纪银晓，胡启亚，等，2018. SketchUp 软件支持下的地下管网三维建模与设计[J]. 测绘通报（5）：126-130.

尹晖，孙梦婷，干喆渊，等，2015. 基于 SketchUp 的输电杆塔三维建模研究[J]. 测绘通报（4）：34-37.

詹总谦，李一挥，桂鑫源，2017. 倾斜摄影测量与 SketchUp 二次开发技术相结合的建筑三维重建[J]. 测绘通报（5）：71-74.

张春梅，2019. 3D Max 的发展及功能之研究[J]. 数字化用户，25（13）：267.

张沛露，2019. 基于 OSG 的地图场景漫游实现[J]. 活力（19）：157.

张瑞菊，2013. SketchUp 结合 Google Earth 在虚拟校园中的应用[J]. 计算机应用，33（S1）：271-272，297.

赵鹏，2010. 框架结构震害特征简析及三维灾害场景实现初步[D]. 北京：中国地震局工程力学研究所.

赵雨琪，牟乃夏，张灵先，2017. 利用 CityEngine 进行三维校园参数化精细建模[J]. 测绘通报（1）：83-86，111.

朱军，尹灵芝，曹振宇，等，2015. 时空过程网络可视化模拟与分析服务：以溃坝洪水为例[J]. 地球信息科学学报，17（2）：215-221.

朱庆，赵杰，钟正，等，2004. 基于规则格网 DEM 的地形特征提取算法[J]. 测绘学报，33（1）：77-82.

祝红英，顾华奇，桂新，等，2009. 基于 ArcGIS 的洪水淹没分析模拟及可视化[J]. 测绘通报（5）：66-68.

Bai R，Li T J，Huang Y F，et al.，2015. An efficient and comprehensive method for drainage network extraction from DEM with billions of pixels using a size-balanced binary search tree[J]. Geomorphology（238）：56-67.

Chen Q Y，Liu G，Ma X G，et al.，2018. Local curvature entropy-based 3D terrain representation using a comprehensive Quadtree[J]. ISPRS Journal of Photogrammetry and Remote Sensing（139）：30-45.

Dottori F，Todini E，2010. A 2D flood inundation model based on cellular automata approach[C]//XVIII International Conference on Water Resources CMWR，Barcelona.

Evans S Y，Todd M，Baines I，et al.，2014. Communicating flood risk through three-dimensional visualisation[C]//Proceedings of the Institution of Civil Engineers-Civil Engineering. Thomas Telford Ltd，167（5）：48-55.

Langran G，2020. Time in geographic information systems[M]. Florida：CRC Press.

Suarez J P，Trujillo A，Santana J M，et al.，2015. An efficient terrain level of detail implementation for mobile devices and performance study[J]. Computers，Environment and Urban Systems，52：21-33.

Subarno T，Siregar V P，Agus S B，et al.，2016. Modelling complex terrain of reef geomorphological structures in harapan-kelapa island，kepulauan seribu[J]. Procedia Environmental Sciences，33：478-486.

Yin L Z，Zhu J，Li Y，et al.，2017. A virtual geographic environment for debris flow risk analysis in residential areas[J]. ISPRS International Journal of Geo-Information，6（11）：377.

第5章 泥石流灾害过程可视化与增强表达

科学、有效、合理的可视化能够提高灾害信息表达的有效性与可读性，要构建灾害虚拟地理环境，首先需要给场景对象选择一个正确的呈现方式，可视化方式的选择对开发、效率、认知和可用性有着极其重要的影响（Bodum，2005；朱庆和付萧，2017）。在对现实灾害进行抽象的过程中，可视化表达具有连续的特征，对泥石流灾害过程进行可视化与增强表达，不仅能够提升灾害信息传递效率，还可以辅助相关人员进行科学决策和保障应急救援能力。因此，本章将详细阐述可视化表达的相关概念与技术，重点探讨泥石流灾害过程可视化和示意性符号与真实感场景协同可视化方法，最后联合多样化视觉变量提出泥石流灾害动态增强表达方法，使得复杂的泥石流灾害全过程"看得全""看得清""看得懂"。

5.1 相关概念与技术

5.1.1 视觉变量

视觉变量是指地图上图形符号之间能够引起视觉出现差异的图形和色彩变化因素，这些变化的量能够表达地理现象之间的差异，从而提升人们对事物的感知能力（陈毓芬，1995）。

1. 静态视觉变量

视觉变量的概念由贝尔廷在其论著 *Semiologie Graphique* 中首先提出，形状、尺寸、色彩、亮度、方向和纹理称为静态视觉变量（Bertin，1983）。随后，Monison、Салищев、Keates、Robinson、陈毓芬和祝国瑞等诸多学者对视觉变量分类进行了大量的研究并构建了不同的分类体系，在形状、尺寸、方向、色彩方面达成了共识，但针对纹理、密度等是否为视觉变量的基本类型这个问题没有得出最后的定论（凌善金等，2017）。

1）形状

形状是视觉上能区别开来的几何图形的单体。对于点状符号来说，符号本身就体现了形状变量。形状变量在线状符号中是一个个形状变量的连续，在面状符号中是一排排形状的连续，而不是整个线段或整个面积同属一个形状变量。线状要素和面状要素的形状都取决于地理要素本身的空间分布特征。因此，地图设计中的形状变量主要应用于点状符号的设计，以不同形状的符号表达不同类型的地理要素。

形状不仅包括圆形、三角形、椭圆形、方形、菱形等抽象几何形状，还包括客观世界中自然和人文事物的具象形状。客观物象的形态是分类的主要依据，给人以强烈的分类感，却没有分级感。比如，用三角形表示山峰，用动物符号表示动物（图 5-1）。形状变量对地图内容的表达作用主要表现在两方面：①适用于反映地理要素的类型对比，用形状来传达分类信息和定性信息是最为理想的，因为形状对比能给人以较强的分类差异感。形状类型对比感比纹理对比感强，但是对于面积大的面状符号而言，读者会淡化形状的概念，而放大纹理结构的作用。②可用于表示事物的形态特征，或象征社会经济事物抽象属性信息。

图 5-1　符号形状变化

2）尺寸

尺寸即图形的大小，通常指图形构成在长度、宽度、高度、面积、体积等方面的度量变化。大小可分为绝对大小和相对大小，在地图符号设计中相对大小对地图内容的表达作用更大。从实验观察结果来看，尺寸对比令人产生数量多或少、等级高或低、距离远或近等感觉（图 5-2）。在地图设计中，点状和面状符号的尺寸（面积）、线状符号的宽度在表现等级对比方面发挥着重要作用。尺寸对比也会产生一定分类感，但是远不及形状对比产生的分类感。与纹理中的图案形状变量一样，有些学者将面状符号中个体符号的大小纳为尺寸变量，这样会弱化尺寸变量的真正意义，其原因与形状变量相似，这里不再赘述。面状符号内部单体符号的尺寸变化应单独从纹理变量中分离出来，只当作纹理结构的微量变化来看待。

尺寸变量对地图内容的表达作用表现在两方面：①尺寸对比能给人以较强的等级差异感，因此尺寸变量适用于反映地理要素的等级、数量和层次对比；②能表达对象个体自身尺度信息，或象征等级、数量等社会经济事物抽象属性信息。

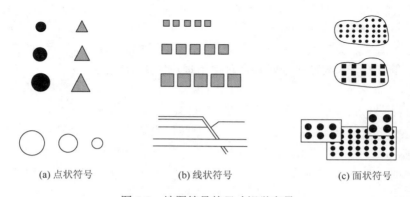

(a) 点状符号　　　　　　(b) 线状符号　　　　　　(c) 面状符号

图 5-2　地图符号的尺寸视觉变量

3）方向

方向适用于长形或线状的符号。所谓方向变化，是对图幅的坐标系而言的，在整幅图中符号必须和地理坐标的经线或直角坐标线成同一交角才不致混乱。方向变化包括两个方面：①基本变量中整个符号图形本身的方向变化，如正三角形与倒三角形；②网纹中同类纹理的方向变化，如水平晕线、垂直晕线与倾斜晕线。在地图符号设计中可以通过方向的变化来表示地理要素定性特征的不同。

方向变量可以看作形状变量的一种变化形式，即方向变化是一种微小的形状变化，它在地图符号设计中发挥的作用也很小，可归入形状变量之中。同一个图形改变方向，其视觉意义会随之改变，比如，正方形改变方向后可以看作菱形；同一个矩形，纵向放置具有高耸感，横放具有扁平感；正三角形可能被当作山峰，但是倒三角形不会被认为是山峰。方向的改变也会造成语义的不同，影响人对符号意义的认知，具有与改变形状一样的效果。线状符号在图中的走向（非纹理方向变化）对于地图符号设计来说没有多少价值，只对整张地图的构图有意义。有些学者还将纹理排列方向也归为方向变量。虽然改变符号内部纹理线条或个体符号排列方向也能产生差异感，但是，对于纹理变量来说，方向仅仅是其中的一部分，方向变化是微小的变化。纹理变化无穷，如果要细分纹理变量，则十分复杂（详见"5）纹理"）。地图符号的方向视觉变量如图 5-3 所示。

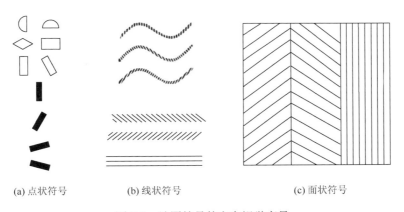

(a) 点状符号　　　　　(b) 线状符号　　　　　(c) 面状符号

图 5-3　地图符号的方向视觉变量

4）色彩

色彩是最活跃的一种视觉变量。在地图设计中，色彩不仅可以增强地图的美感，同时也能提高地图的清晰度，从而增加地图的信息量。色彩能同时表达地理要素定性特征和定量特征的变化。色彩的三个自变量——色相、亮度和饱和度（图 5-4）对于制图来说作用不同，因而也可以各自成为一种视觉变量。此外，纹理的中性混合造成的三属性特征也应看作色彩变量。

色相变量对地图内容的表达作用主要有两方面：①适用于表现地图内容的类型对比，如用蓝色表示河流、红色表示道路，色相变量具有分类意义，可让内容变得容易识别。②可用于表达客体的色彩、肌理、质地、冷暖、比重等外在和内在的物理属性以及社会经济属性。

　　饱和度对地图内容的表达作用主要有两方面：①适用于表现地图内容的等级对比，如用红色表示人口密度大的区域，用浅红色表示人口密度小的区域，这样就说明了它们是同类型的内容，只是数量有所不同。运用饱和度对比有利于形成层次或数量上的既有联系又有区别的效果，让同类之间形成对比感。②与色相变量一样，可用于表达客体外在和内在的物理属性以及社会经济属性。

　　亮度变量对地图内容的表达作用主要有两方面：①适用于表现地图内容的等级、数量、层次对比；②不同亮度的色彩其轻重、硬度、肌理等不同，因此亮度可用于表达客体的比重、色彩、肌理等外在和内在的物理属性信息，以及象征社会经济属性。

(a) 色相　　　　　　　(b) 亮度　　　　　　　(c) 饱和度

图 5-4　地图符号的色彩变量

5）纹理

　　纹理也称网纹，是具有一定形状和大小的点、线及点、线组合而成的图案按照一定方式排列的结果（图 5-5）。通常线状符号的线型也可以称为纹理，它是点、线沿一定路径排列的结果。例如，境界线通常由点、线交替排列而成；铁路符号由相同长度的黑条、白条相间构成；铁丝网符号则由长实线附加等间隔的十字符号构成等。纹理在某种意义上起着与颜色相同的作用，并主要应用于面状符号的填充，故纹理也可以称为底纹。在面状地图符号设计中，可以用不同的纹理表达不同的定性特征，或者通过纹理间隔的变化来表达定量特征的变化。点状符号的纹理形式与面状符号相同，也是通过对具有一定面积的符号进行图案填充实现的。图 5-5 为部分不同类型的自然纹理与人工纹理。

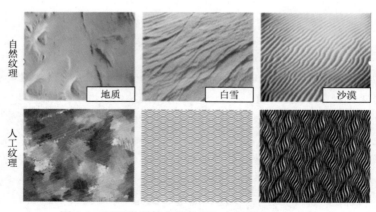

图 5-5　不同类型的自然纹理与人工纹理的示意图

6）密度

密度变量主要用于在符号总体亮度不变的情况下改变表面像素（个体元素或线条）的尺寸与数量，使像素密度发生变化，有的学者将其当作基本的视觉变量。从应用效果来看，不同密度的情况下纹理的显示只有微小差异，纹理的相似度较高，故没有必要将密度变量当作一种主要变量来看待。图 5-6 展示了部分点状、线状、面状符号添加密度视觉变量的情况。

|(a) 点状符号 | (b) 线状符号 | (c) 面状符号 |

图 5-6　地图符号的密度视觉变量

7）位置

位置变量用于表示符号在地图上的分布范围，它主要由事物分布规律决定。位置变量对地图图面构成有重要意义，如在专题地图上，位置常用来表示专题要素的空间地理分布，它是地图区别于其他事物的基本特征，是构成元素中的"常数项"，一般不可缺少。在进行拓扑关系表示时，主要有包含、交叠、分离及邻接关系（图 5-7）。

包含关系指某一要素包含另一要素且有或者无共同边界，包含关系有三种，第一种为轮廓不交包含，第二种为共界内接包含，第三种为相等包含。交叠关系指两要素相互穿过对方或者经过边界交叠，交叠包括两种，第一种为不贯穿交叠，第二种为贯穿交叠。分离及邻接关系指两要素分离不相接或者邻接于边界，包括两种情况，第一种为分离，第二种为相邻外接。

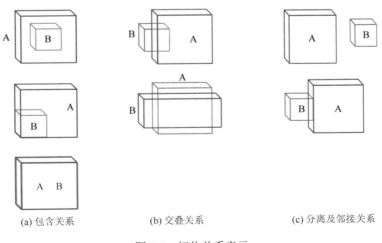

|(a) 包含关系 | (b) 交叠关系 | (c) 分离及邻接关系 |

图 5-7　拓扑关系表示

　　总之，无论采用何种分类方式，静态视觉变量都仅仅是一种图形变量，可以丰富地图上静态信息的表达方式，但难以有效表达真实地理现象的动态特征和行为关系。

　　2. 动态视觉变量

　　为了更加真实客观地描述现实世界空间现象的状况和特征，不少学者在静态视觉变量的基础上添加了时间维，由此衍生出了时刻、频率、持续时间、变化率、次序与同步等动态视觉变量（陈毓芬，1995；DiBiase et al.，1992；Maceachren，2004）。

　　1）时刻

　　时刻是指动态事件出现的起始时间点，用于对事件中的时间刻度定位，与静态视觉变量中的"位置"功能相似。时刻变量在有的动态视觉变量划分中不存在，即没有把其当成一个独立的动态视觉变量。实际上，在动画制作中确定事件的起始时刻对表现整个动态事件具有重要意义，因此，本书把时刻变量作为一个独立的动态视觉变量（图 5-8）。

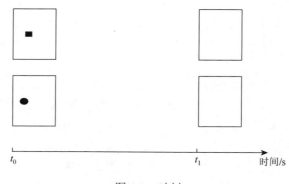

图 5-8　时刻

　　2）频率

　　频率是指在一定时间内事件（假如事件有节奏地重复发生）发生的次数。频率的一个特别重要的应用是色彩循环（color cycling），色彩循环通常用来表达具有线性特征的运动。在非时间动画地图应用中，制图动态变量也可以用符号化特征的属性来表达。例如，用"持续时间"来表达不确定性；用"阶段"来表达方向；用"色彩循环"来表达某种特征的流动方向等（图 5-9）。

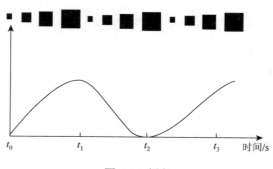

图 5-9　频率

3）持续时间

持续时间是指各个静态场景之间的时间长度。通过控制持续时间可以把静态地图做成动态地图，这样每一瞬态都变为动画中的一帧，一系列没有变化的帧就构成场景，一系列连贯的瞬间（帧）称为事件。持续时间是可以被准确控制的量，一个场景或一帧的持续时间可以用来描述顺序或量化的数据。在静态过程应用中，事件中帧持续时间短的场景与无明显意义的特征相关，帧持续时间长的场景与有明显意义的特征相关；在动态过程应用中，事件中帧持续时间短的场景表达"光滑的"运动，帧持续时间长的场景表达"粗糙的"运动。于是，事件中帧的持续时间或单位时间内的帧数决定了动画的"时间纹理"，这在商业动画软件中称为"步调（pace）"（图5-10）。

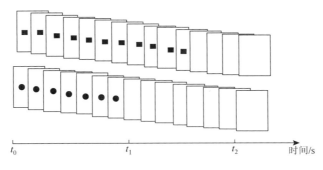

图 5-10　持续时间

4）变化率

变化率又称为变化幅度，是指相邻场景之间的变化程度，在帧的行进中，所有静态视觉变量和动态视觉变量中的帧持续时间都可以发生变化，不同视觉变量的变化组合及不同的变化率可形成不同的视觉效果，例如，位置变量的持续变化可以形成运动的视觉效果，帧持续时间的变化则可以加快或减缓位置和属性的变化。变化率既可以是常量，也可以是变量，当变化率不为常量时，会形成更加奇特的视觉效果，例如，帧持续时间的缩短和位置的稳定变化将形成由慢速粗糙（间断）运动到加速连续运动的视觉效果。大幅度变化会产生跳跃感动画，小幅度变化则会产生平滑感动画（图5-11）。

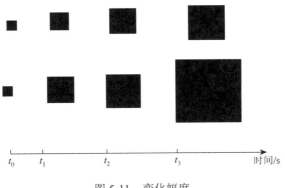

图 5-11　变化幅度

5）次序与同步

次序是指动画帧或现象出现时间的先后顺序。同步是指按照一定规律，把两个或多个现象进行匹配。次序和同步对于表达事件因果关系尤其重要。时间本身就是有序的，将地图或地图符号动画中帧的顺序与现象的时间顺序相对应，是使用"顺序"作为动态变量时的一个最有效的方法。在动态制图中，可以按时间顺序用图形符号来表达其他特征的顺序，如按时间顺序用柱状图形符号表达我国人口出生率（图 5-12）。

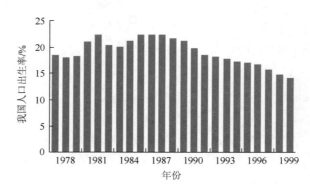

图 5-12　次序与同步

3. 三维视觉变量

三维视觉变量突破了传统的一维和二维符号对抽象表达的限制，更加真实地反映了客观世界，但在进行三维场景设计与表达时，静态视觉变量和动态视觉变量仍然适用。关于三维视觉变量的基本类型，许多学者提出了自己的见解，但依旧没有达成共识，比较常见的三维视觉变量有细节层次、空间姿态、纹理、光照（明暗度）、阴影、清晰度/模糊度等（高玉荣等，2005；蒋秉川等，2009）。

1）细节层次

平面地图符号的形状变量是指视觉上能够区别的几何图形的单体。对于三维模型来说，模型本身就体现了形状变量，如长方体、圆球、圆柱、圆台、圆锥、棱台、棱锥等，或由这些基本的几何体组成的其他复杂的形状。设计三维模型时，一般情况下都是按照它们的真实面貌来加以区分的。但是由于计算机处理能力和成本有限，要重建模型的所有细节往往是不现实的，也没有必要，特别是同一场景中距离远近程度不同的物体往往具有不同的显示细节，因此，对三维模型的几何形状和纹理进行 LOD 表示成为三维模型的显著特点之一（图 5-13）。

2）空间姿态

空间姿态变量是指视觉上能够感觉到的空间实体相互之间以及个体之间角度、方向和排列的差别。方向是指三维模型的方位变化，在三维空间中，所有模型的空间方位和次序都具有一定的规律，并且都基于真实的空间定位，不再局限于二维的四方向或八方向。例如，描述太阳系中的地球不仅需要地理坐标 (x, y, z) 来表达地球的空间位置，还需要地轴的倾角参数来表达地球在太阳系中的倾斜度；卫星在轨道坐标系中的姿态由滚动

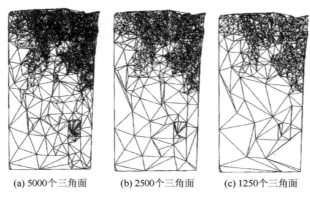

(a) 5000个三角面　　　(b) 2500个三角面　　　(c) 1250个三角面

图 5-13　细节层次

角、俯仰角和偏航角表示。在真实的三维空间中，每一个空间实体都应该有自己的空间姿态，不同的姿态构成了空间的多样性，所以在三维场景中，模型之间应体现出空间姿态的差别。三维模型基本上是依靠形状和空间姿态的差别来进行区分的。三维模型的形状变量包括有规律的立体模型及其有机组合[如点体（电线杆）、线体（管线）、面体（建筑物）]、无规律的立体模型。形状变量往往是由不同的立体图形及结构组成的，而在同等体积的三维模型中存在空间姿态的多样化，这使得三维模型的形式也很丰富（图 5-14）。

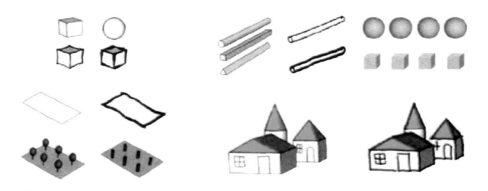

图 5-14　空间姿态变量

3）纹理

针对三维模型，纹理已经不再是二维的人为设计的简单图案，而是物体在真实空间中呈现出的区别于其他物体的表面图案、质地或材质。一个纹理图像是一个二维图像，它可以映射到一个模型的表面，就像把墙纸贴到墙上一样。纹理主要用于区别不同地理目标或现象，有时也用来区分同一类型的目标或现象的不同属性，如水的纹理有咸水的纹理和淡水的纹理之分。现代遥感技术可以提供范围大、尺寸多样、目标丰富且及时的影像，再加上数码成像技术，使得快速获取空间目标（包括大范围的地形表面）的逼真表面纹理成为可能。在三维环境中，使用纹理映射技术可以大大提高逼真度。在平面地图中，纹理变量的使用在一定程度上减少了色彩变量的设计，因为纹理已具备色彩的许多要素。而在三维场景中已经不再使用色彩变量，转而使用纹理变量，原因包括以下两点：①三维环境对逼真度的需要。人为设计的色彩不可能形成较高的逼真度，只有真实的纹理才可能使人产生"熟悉"和"认识"的感觉，所以纹理远比色彩形象生动。②利用三维可视化技术可以方便地将纹理映射到物体的表面，而设计复杂的色彩变量要耗费较多的人力和物力。在三维环境中，纹理的意义可以简单归纳为用图像来替代三维模型中可模拟或不可模拟的细节，从而提高模拟逼真度和显示速度（图 5-15）。

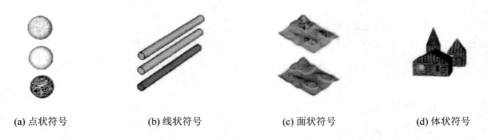

(a) 点状符号　　　　　(b) 线状符号　　　　　(c) 面状符号　　　　　(d) 体状符号

图 5-15　三维视觉变量中的纹理在点状、线状、面状、体状符号上的表现形式（陈泰生，2011）

4）光照（明暗度）

在三维环境中，光照（明暗度）是指模型受光、反光和背光影响的变化。三维环境中存在光源（固定或一定方向的光源，或者泛光源），由于模型本身的方位、材质、表面粗糙度等属性不同，以至于对照射到其表面的光的吸收率不同，并且对光产生不同程度的反射和漫反射，进而使得空间物体表面的视觉效果（明暗度）不同。物体在光线照射下会出现三种明暗状态，形成三大面，即亮面（受光面）、中间面和暗面（背光面）（图 5-16）。亮面部分是受光区域，物体反射较多的光线；中间面接收的光线则不如亮面（受光面）多，所以光线呈现出半明半暗状态；暗面（背光面）根本没有光线到达，因此形成了阴影区域。由此，在物体的表面就形成了不同的明暗度。进行三维模型可视化时，应该遵循这个规律，使模型的不同部分产生不同的明暗度，明暗度的不同不仅增强了三维模型的立体感，还可以表达出模型与模型之间的区别。

图 5-16　亮面、中间面和暗面

5）阴影

阴影的产生能体现和加深人的视觉感知，其以另一种方式描述三维模型的尺寸大小，体现模型的形状和方位。空间物体的不透光性产生了阴影，三维模型阴影的不同可以使人产生视觉的差别。阴影会随着光线的变化而变化，如太阳光照射下的空间物体，早晨空间物体的阴影在其西方，并且比较长；正午阴影将移动到物体的北方，并且比较短；下午阴影将移动到物体的东方，并且比较长。在进行三维可视化时，如果要利用三维模型的阴影产生立体效果，往往需遵循以下规则：①在一个三维场景中，一般只允许存在一个光源，并且空间地物的阴影方向应该是一致的。②一个完整的上部没有洞口的物体，有阴影的一面是远离光源的一面（背光面）；顶面带有洞口的物体，其洞内的阴影就在靠近光源的一面（图 5-17）。

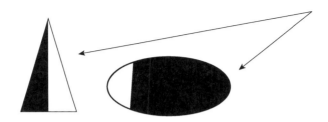

图 5-17　两种不同的阴影

6）清晰度/模糊度

在三维场景中，设计清晰度/模糊度是为了适应人眼对视觉感知的需要，清晰度/模糊度的设计一般需要遵循以下两个原则：①"远小近大"的透视原则；②距离不同，模糊度不同的原则（图 5-18）。众所周知，在现实空间中，大气能够散射太阳光，所以远处的天空在人的视觉中将呈现出蓝色的色调。实际上，任何光线都具有散射的过程，所以处于三维场景中的远距离模型在人的视觉中应具有以下两个特点：①远距离模型散射的蓝色光线多，所以从视觉上说，远距离模型应呈现出蓝色的色调；②由于光线并不以直线的方式到达人的眼睛，所以远距离模型没有近距离模型清晰，相对来说表现得更模糊。在表达一个三维场景时，可以利用雾化效果使远距离模型看起来更加遥远和模糊，

图 5-18　清晰度

进而使近距离模型得以清晰地突出显示。在三维场景中，往往将清晰度、明暗度以及阴影结合起来使用，使三维模型产生更加逼真且符合人眼视觉的立体效果，进而拉大模型之间的视觉差异。

在进行场景表达的过程中，常常需要将静态、动态和三维视觉变量联合使用，从而加强视觉效果和更加有效地表达目标信息，最终以最少的信息量获取最高的信息传递效率（陈月莉，2005；Jahnke et al.，2008；Garlandini and Fabrikant，2009）。

4. 语义视觉变量

基本视觉变量是指颜色、尺寸和纹理等能导致地图元素发生视觉变化的变量。语义视觉变量是通过基本视觉变量的组合来描述可视化数据/信息/实体的视觉语义。如图 5-19 所示，在视觉变量的发展过程中，地图中的视觉变量是针对静态二维地图符号设计的，只提供了低层次的基础性描述；GIS 中的视觉变量是针对二维或三维地物符号和地图可视化设计的，支持动态交互，同时 GIS 增加了基础层次和附属层次的视觉变量；增强现实针对人机物融合的多粒度时空对象及其复杂关联关系的表达提供了多层次语义级的视觉变量，可以实现抽象与具象表达协同，宏观与微观统一，并支持多层次的可视分析（Li et al.，2020）。

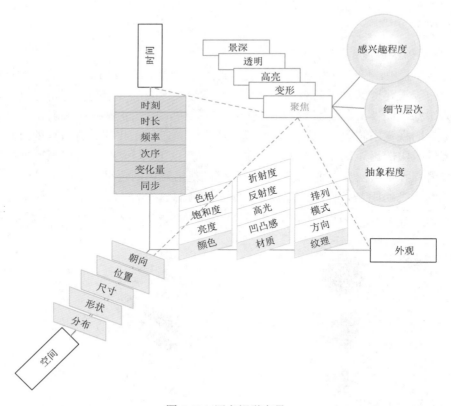

图 5-19　语义视觉变量

视觉变量决定了可视化中与视觉认知相关的可控变量，是符号化设计、"聚焦＋上下文"等可视化方法的基础。基础视觉变量之间存在着内在联系，对其进行分析，可归纳出三个基本维度，即时间、空间和外观，这三个维度囊括了现有视觉变量的特征，同时支持扩展其内容。可以通过建立以"聚焦"为核心语义的语义视觉变量来描述其特征的三个要素——感兴趣程度、细节层次和抽象程度，为不确定场景中多粒度时空对象易感知的可视化表达提供参数化的视觉描述，如图 5-20 所示。

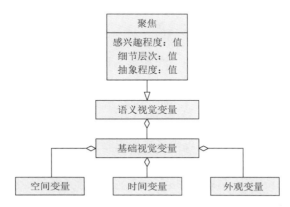

图 5-20　以"聚焦"为核心语义的语义视觉变量

（1）感兴趣程度（DOI）：反映时空对象感兴趣程度的因子，可用于描述单个对象、连续区域或一组对象/区域，具体取决于所描述的时空对象的形式和所分析的问题。DOI主要由可视化任务、上下文分析、位置、用户交互和其他因素决定。

（2）细节层次（LOD）：描述时空对象可视化精度变化的因子，即从粗略到精确的变化。LOD 对以更高的精度呈现感兴趣部分，同时以更低的精度呈现其他部分的模型非常有用，另外对多视图之间不同尺度的协同表达也有所帮助。LOD 不仅取决于待可视化对象的视距与分辨率，还取决于感兴趣程度和视图尺度等。

（3）抽象程度（DOA）：描述实体抽象性变化的因子。所谓抽象，是指在保持事物主要特征的情况下减少甚至去除其冗余细节的过程，在该过程中，事物的几何形状、纹理和其他方面按需进行综合，从而使得其特征得以保留而真实感则减弱。DOA 由感兴趣程度、视图比例、视图类型等因素决定。

5.1.2　数据可视化

数据可视化研究的是如何将数据以及数据所隐含的信息与规律，通过一定的视觉编码与表征，有效地转化为可交互的图形或图像，实现数据/信息的可视化表达，增强人类的信息感知、知识认知以及探索控制能力，达到对某种特征或事件进行解释、诊断、预测、决策分析的目的。数据可视化的意义一般可分为三个层次：第一个层次是数据呈现，旨在将数据图形化，让用户从视觉的维度对数据进行感知，如点云三维可视化、街景地图可视化等；第二个层次是信息传递，旨在将数据隐含的信息进行视觉编码，让用户对知识更好地认知，如经济格局可视化、地震带分布可视化等；第三个层次是假设检验，旨在将模拟、推演等的探索性假设进行可视化，让用户对模型的可靠性有更好的控制，如溃坝洪水演进可视化、基于建筑信息模型（building information model，BIM）的施工进度模拟可视化等。数据可视化涉及信息技术、自然科学、统计分析、图形学、交互设计、地理信息等，广泛应用于商业智能分析、数据分析、数据挖掘、统计等领域，可以分为三个部分：科学可视化（scientific visualization）、信息可视化（information visualization）以及可视分析（visual analytics）。

1. 科学可视化

科学可视化的研究对象包括建筑学、气象学、医学或生物学、机械等领域的测量、实验、模拟数据，研究目标是通过静态或动态方式，以表面、体的绘制形式，结合颜色映射、光照跟踪等视觉增强手段，表达复杂科学研究对象/现象数据中的信息层次和空间几何特征，从而辅助科学家理解科学现象。按照数据的种类划分，科学可视化可以分为体可视化、流场可视化和医学数据可视化等。科学可视化所处理的数据具有规模大、时变、异构（高维）的特点，既需要通过高性能计算分析数据特征，又需要用自适应的图形突出用户感兴趣的特征，而数据融合、特征提取、高感知度与交互性可视化是科学可视化的核心要素（彭艺等，2013；单桂华等，2015；王松等，2018）。根据特征分析与图形绘制任务在科学可视化过程中执行的实效性，可将科学可视化分为三类：后置处理（post processing）、实时跟踪处理（tracking）和交互控制（steering）。后置处理意味着数据特征的计算分析与可视化不是同步的；实时跟踪处理意味着数据分析计算与图形可视化显示同步；交互控制意味着可视化可以根据用户修改的参数相应地变化，但这需要计算、绘制与界面交互高效协同（胡祥云等，2004）。虽然并行计算以及 GPU 集群并行可视化技术已经取得较多成果，但是至今大规模科学数据并行可视化仍面临着诸如数据预处理时间长、并行绘制效率不高等问题。科学可视化主要以后置处理的方式实施，要实现大规模数据的实时并行可视化，困难仍然较大，高维、时变、分布式与特征检测依然是科学可视化领域面临的四类核心问题（Johnson，2004；王攀，2013）。

2. 信息可视化

信息可视化是在科学可视化的基础上逐步发展起来的，其研究对象主要是抽象高维数据集合，致力于创建可直观传达抽象信息的手段和方法，从而充分利用人类视觉感知能力，将人脑与计算机这两个最强大的信息处理系统协同起来（张聪和张慧，2006；李杰，2015）。数据分析与信息表征是信息可视化的核心内容，数据分析的目标是抽取数据中需要通过可视化表达的信息和规律，采用的方法包括统计分析（如假设检定、回归分析、PCA）、数据挖掘（如关联分析、聚类分析）以及机器学习方法（如分类、决策树）等；信息表征的目标则是对需要表征的信息进行视觉编码与图形呈现，采用的方法包括基础图表、多维视图（如平行坐标、散点图矩阵）、变形聚焦可视化（如鱼眼视图、"聚焦＋上下文"视图）等（任磊等，2008；戚森昱等，2015）。随着计算机技术和数据采集技术的飞速发展，人类需要处理的信息体量与维度日益增加，人类在信息的海洋里常常面临"认知过载"和"视而不见"的双重困境（任磊等，2015），而信息可视化则是辅助人类洞悉数据内部所隐藏的内容和规律的重要手段。对信息进行直观化、关联化、艺术化的可视化表达，避免出现信息过载与表达抽象，同时构建高交互性的人机界面，是信息可视化的发展趋势（张浩和郭灿，2012；林一等，2015）。

3. 可视分析

可视分析的概念最早由 Wong 和 Thomas 在 2004 年提出，其定义为：以交互式可视化为基础的分析推理方法（Wong and Thomas，2004；Thomas and Cook，2005）。可视分析后被 Keim 等具体化为：将自动分析技术与交互式可视化相结合，以便在大规模复杂数据集的基础上进行有效的理解、推理和决策（Keim et al.，2008；Andrienko et al.，2010）。在数据呈爆炸式增长的今天，人类收集和存储数据的能力正在以比分析数据能力更快的速度增长。虽然在过去的几十年中，已经提出了大量的数据自动化分析方法，然而，许多问题的复杂度仍较高，在数据分析过程中必不可少地需要引入人类智慧。可视分析方法使决策者能够将人类在认知方面的灵活性、创造力和专业知识与当今计算机强大的存储和处理能力相结合，以深入了解复杂问题，采用交互性强的可视化界面，人类可以直接与计算机的数据分析功能进行交互，通过数据—知识—数据的循环过程，建立螺旋式信息交流与知识提炼途径，挖掘信息隐藏的目标，完成有效的分析推理和决策（任磊等，2014；朱庆和付萧，2017）。可视分析是人类认知、信息可视化以及人机交互的交叉融合，面对大规模、高维且动态的数据，其面临的主要挑战在于如何以提高可交互性为核心，协同高准确度的数据自动化分析与高性能的绘制，提供良好的决策分析和知识探索功能。可视分析分为描述性可视分析、解释性可视分析和探索性可视分析三个层次（朱庆等，2017）。

1）描述性可视分析

描述性可视分析采用数据驱动，能实现多模态时空数据空间分布、聚集、演化规律等的展示性可视化。展示性可视化任务为多层次可视化任务中最为基础的任务，主要以多模态时空数据、信息和知识的高效表达与传递为基本目标，任务的重点包括实现离散与连续、动态与静态、真实与抽象、精细与概略场景相宜的自适应表达以及与真实场景高度融合的协同可视化。

展示性可视化任务分为场景数据存储管理及调度与场景绘制两个阶段。场景数据存储管理及调度为数据 I/O 任务集，以实现高效的数据 I/O 为目标，包括数据检索、数据预取、数据缓存以及内外存数据协同调度等任务；场景绘制则为图形绘制任务集，以实现高性能的场景绘制为目标，包括真实感场景绘制、多细节层次绘制、CPU 与 GPU 协同绘制等任务。展示性可视化任务中数据处理任务集跃迁到图形绘制任务集的过程是数据转化为图形图像的过程，依赖的核心技术为实时绘制技术。

2）解释性可视分析

解释性可视分析采用数据和模型驱动，通过关联分析、聚类分析和降维分析，实现多模态时空数据隐含规律和模式的分析性可视化。解释性可视化任务为多模态时空数据可视化中的主要任务，旨在表达复杂计算分析所获取的多模态时空数据隐含的信息，突出数据所包含的特征与关联关系，并通过增强现实场景进行展现。其典型应用包括实时计算结果与近实时模拟结果的动态可视化、空间格局与分布模式的可视化、符号化与真实场景融合的可视化等。

解释性可视化任务在展示性可视化任务基础上，增加了场景动态生成和增强现实可视化两个阶段。场景动态生成为数据计算任务集，以模型驱动的分析模拟计算为主，包括关联分析计算、动态过程模拟和时空演化预测等任务；增强现实可视化为图形绘制任务集，在基础场景中叠加分析计算信息，从而实现增强现实场景的动态构建目标，包括符号化与真实感协同融合、非真实感表达（如 Sketch 等）、虚拟场景与真实场景融合等任务。在解释性可视化任务中，数据计算任务集跃迁到图形绘制任务集的过程是数据转化为信息的过程，依赖的核心技术为分析模型计算。

3）探索性可视分析

探索性可视分析采用数据和模型的交互耦合驱动，通过虚拟现实和增强现实等新型人机交互方式，实现多粒度时空对象关联关系和复杂时空过程预测的探索性可视化。探索性可视化任务是多模态时空数据可视化中层次最高的可视化任务，包含解释性可视化任务和展示性可视化任务，主要基于多通道人机交互界面，通过对场景中特定对象的聚焦、变形、选择、突出和简化等直接对增强现实场景进行探索性调整操作，实现数据、人脑、机器智能和应用场景的有机耦合，以支持假设验证、知识归纳和推理论断等深度关联分析。其典型应用包括适合复杂环境的多机、多用户协同式交互，以及对位置敏感的新型人机界面和多模态时空数据的可视化筛选、映射和布局。

探索性可视化任务在解释性可视化任务基础上，增加了场景变形聚焦和人机交互探索两个阶段。场景变形聚焦为场景增强任务集，面向任务感兴趣对象或信息，以场景中局部或全局图形的几何形状、颜色纹理和光源阴影控制为主，通过变形和着色，达到对特征的增强可视化效果，例如，采用鱼眼变形的可视化方法，实现局部特征突出表达；采用"聚焦 + 上下文"的方法，在精细化表达微观特征的同时，保持场景的全局模式可视化。人机交互探索是指用户实际查看到可视化数据、信息以及知识之后，通过交互界面对可视化系统的数据、计算以及绘制等进行直接控制，从而完成假设检验、模型调优以及知识归纳任务。用户可以在该阶段选择不同的多模态时空数据、不同的模型分析方法，并采用不同的可视化表达方式，该阶段包含数据 I/O、分析计算以及场景绘制等任务集。这里的人机交互方式除了传统的计算机人机界面交互方式，还包括语音、手势、眼动等自然交互方式，即该阶段可以与 AR/VR 设备相结合，形成多种交互方式。探索性可视化任务中场景增强任务集跃迁到人机交互任务集的过程是数据转化为知识的过程，依赖的核心技术为场景实时交互技术。

数据可视化的下一阶段是知识可视化，与数据可视化的对象不同，知识可视化的对象是人类的知识，其主要实现途径有认知地图、概念图和思维导图等。目前，知识可视化的应用还处于研究阶段，不过从其本身的特征来看，在不久的将来它将有广泛的用途。

5.1.3　适宜性表达

适宜性表达是指顾及人类感知和认知需求，构建一个宏观与微观、连续与离散、静态与动态、自然与人文、低维与高维、精细与概略、真实与抽象均相宜的可视化场景（朱庆等，2017；闾国年等，2018）。适宜性表达的核心内容包括场景对象适配和场景可视化增强两部分，前者决定了场景需要展示哪些内容，后者的重点则是如何对场景对象进行可视化表达。

场景对象适配指在充分考虑不同层次用户的知识背景、认知能力、心理状态以及偏好等的基础上，对场景内容进行合理选择、分类和简化，从而降低场景信息的密度并提高场景信息的实用性。常见的场景对象适配方法有专家经验法、统计分析法、问卷调查法、眼动实验法和虚拟实验法等。其中，专家经验法和统计分析法充分利用先验和统计知识，对不同用户的背景和偏好进行分析，并根据分析结果进行用户情景建模，最终实现基于用户情景模型的场景数据过滤与适配；问卷调查法是一种主观的、定量的研究方法，其从心理学的角度设计封闭式问卷并对不同用户进行调查，然后采用聚类分析、因子分析、假设检验等统计学思想对调查结果进行分析，得出哪些场景内容被用户重点关注；眼动实验法是一种客观的定性与定量结合的研究方法，其利用眼动仪记录用户对预设场景的注视时间、注视次数和焦点范围等眼动指标，进而筛选出用户感兴趣的场景对象和场景范围；虚拟实验法同样是一种客观且能够进行定量分析的研究方法，但与眼动实验法相比，虚拟实验法能够为用户提供一种沉浸式的实验环境，用户借助 VR/AR 设备能够与场景进行交互，进而实现场景对象的筛选与适配。

场景可视化增强是一个比较复杂的过程，涉及抽象层次、信息密度、美学、心理学等诸多领域，其最终的目的是通过虚拟空间看到数据的本质。例如，注意力引导的地学信息可视化方法，通过对可视化对象相关性排序，减少不相关的信息，并以显著方式对感兴趣位置进行可视化，从而达到吸引用户注意力的目的（Reichenbacher and Swienty，2007）；用户参与式的地学信息可视化方法能够消除用户与可视化之间的鸿沟，提高可视化的实用性（Meyer et al.，2012）；基于颜色、运动、方向和尺寸等视觉变量的表达方法，通过设计合理的三维拓扑符号以及添加注记吸引用户注意力，能够快速引导用户关注感兴趣区域（Bandrova，2001；Petrovič and Mašera，2004）。同时，HoloLens 等消费级增强现实设备的出现，加速了增强现实技术的发展，AR 技术能够将真实世界和虚拟世界中的信息进行补充、叠加和融合，并在保留现实的基础上对数据进行可视化增强，从而向用户提供超越现实的体验（周忠等，2015；龚建华等，2018）。

5.2　泥石流灾害过程可视化

5.2.1　泥石流可视化场景体系

泥石流灾害动态可视化系统应能支持实时渲染和动态场景交互，满足用户在虚拟场景中以交互方式进行操作与空间分析的需求。虚拟地形场景构建过程涉及大规模地形数据和相关纹理数据的处理，本书采用 LOD、地理数据组织与管理以及场景动态调度等技术和方法，实现泥石流灾害虚拟地形场景的实时渲染。根据不同的应用需求可以将泥石流灾害演进过程可视化展示分为两方面：一方面是科学地进行数值模拟与分析；另一方面是侧重泥石流真实感可视化表达，利用数值模拟计算结果数据构建泥石流表面三角网，并采用符合大众对泥石流认知的颜色来表示不同的泥深值或者流速值，以方便专家用户更好地进行风险评估分析。此外，将受灾区域的道路、居民地以及公共基础设施等专题数据以矢量图层方式加载到虚拟灾害场景中，为了更准确地显示和匹配虚拟地理场景中的不同地理对象，需要将所有可视化数据都转换到统一的空间坐标系统中。泥石流灾害可视化场景体系如图 5-21 所示。

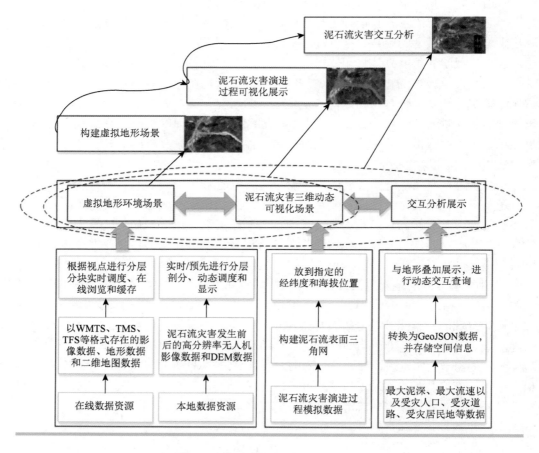

图 5-21　泥石流灾害可视化场景体系

5.2.2　泥石流灾害动态可视化数据流

泥石流灾害可视化数据主要包括基础地理数据、矢量专题数据、统计数据以及可视化处理过程中产生的中间数据，具有类型多样、覆盖范围广、数据量大以及空间分辨率高等特征。基础地理数据包含大量在线低空间分辨率全球影像数据和全球 DEM 数据，以及本地获取的受灾区域灾前和灾后高分辨率影像数据、高分辨率 DEM 数据等。

矢量专题数据包括受灾区域的道路、建筑物和河流数据等；统计数据主要包括行政区域内的人口数据、社会经济数据以及监测数据等。针对泥石流灾害三维动态可视化与交互分析需求，本书将可视化数据在服务器端进行有效的组织和存储，以支撑基础地理数据、模拟计算结果数据以及统计结果数据的实时调度和可视化处理，如图 5-22 所示（杨泉，2012）。

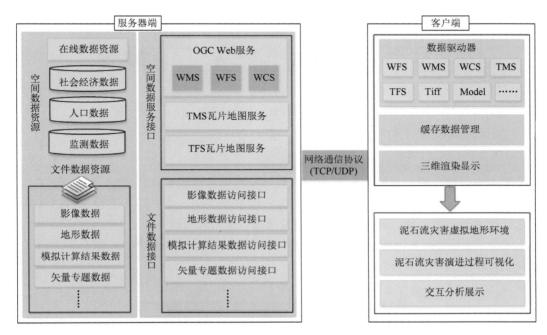

图 5-22　泥石流灾害动态可视化数据组织结构

5.2.3　泥石流灾害动态可视化方法

对泥石流进行动态模拟是实现泥石流灾害演进过程可视化展示的关键，其基本原理是在客户端对泥石流灾害数值模拟模型不同时刻的计算结果进行连续地加载与绘制，通过不断地改变格网单元中的泥深值，达到三维动态可视化效果。

1. 模拟结果数据分析

泥石流流团模型可以计算出每个泥流团运动状态，通过实时统计每个格网包含的泥流团个数可计算出各个格网的泥深值。模拟结果数据为单个格网组成的二维数组，每一时刻的模型计算结果中各个格网都包含泥深数据、格网中心点的平面坐标数据以及高程数据等，可以支撑泥石流灾害三维动态可视化场景绘制。在每个时刻的计算结果数据文件中，并非每一个格网中都有泥深值，在二维数组中存在着大量与泥石流动态可视化表达无关的数据，如果将每个时刻的计算结果数据全部传输至客户端进行可视化场景绘制，必然会导致数据传输速度慢、解析复杂、绘制效率低等问题。因此，为了减小计算结果文件的数据量，提高计算结果数据的传输、解析和渲染速度，需将二维数组中有泥数值的格网数据提取出来进行组织与存储，如图 5-23 所示。

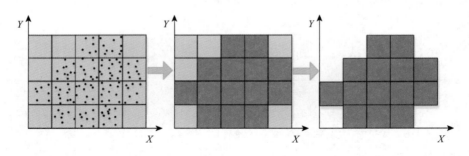

图 5-23　模拟计算结果数据示意图

2.场景数据结构设计

泥石流可视化数据主要包括有泥深格网单元的坐标数据和泥深数据，为了便于在特定分辨率条件下用更小的空间精确地表示泥石流复杂表面，本书对含有泥深值的格网单元进行规则三角网构建。对于每个格网单元来说，依据其周围 2×2 的 4 个相邻格网单元有无泥深值，构建三角网的方式会有所不同，一般可以分为 5 种情形，如图 5-24 所示（张翔，2015）。

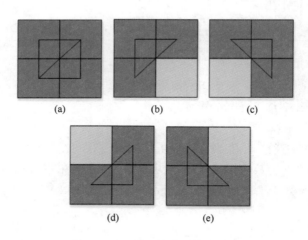

图 5-24　三角网构建方法示意图

在泥石流表面 TIN 模型中，基本的结构元素——顶点、边和面之间存在一定的拓扑关系，即点与线、点与面、线与面、面与面等拓扑关系，利用三角形的三个顶点可完整地表达三角形的构成以及顶点相互之间的拓扑关系，这种结构只需保存三角形顶点坐标以及组成三角形的三个顶点便可将顶点表、边表和三角形表中的数据直接按照顺序进行存储，如图 5-25 所示。

序号	X	Y	Z	泥深
1	x_1	y_1	z_1	h_1
2	x_2	y_2	z_2	h_2
3	x_3	y_3	z_3	h_3
4	x_4	y_4	z_4	h_4
5	x_5	y_5	z_5	h_5
6	x_6	y_6	z_6	h_6
7	x_7	y_7	z_7	h_7

顶点表

序号	顶点1	顶点2	顶点3
1	1	7	6
2	1	2	7
3	2	3	7
4	3	4	7
5	4	5	7
6	5	7	6

三角形表

图 5-25　TIN 链表结构与存储方式示意图

泥石流表面三角网构建流程如下：首先遍历泥石流灾害二维格网数组数据，将其中有泥深的格网单元提取出来，并将格网单元左下角顶点加入顶点表；然后按照图 5-24 中的模板依次对 2×2 的 4 个格网单元进行匹配，如果与模板匹配成功，那么就按照顺时针方向将格网单元顶点的索引号加入构建的 TIN 的索引列表中并进行三角形的构建；最后依次循环完成泥石流三角网的构建（图 5-26），并将结果输出为图 5-27 所示的 JSON（JavaScript object notation）格式（Yin et al.，2015）。

图 5-26　泥石流表面三角网构建示意图

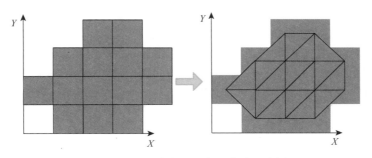

```
{
    "xllcorner": X,                              //格网左下角x坐标
    "yllcorner": Y,                              //格网左下角y坐标
    "cellsize": n,                               //格网大小(m)
    "vector": [X0, Y0, Z0,……, Xn, Yn, Zn],       //有泥深格网的顶点
    "Index": [V0, V1, V2, V3,……, Vn, Vn + 1, Vn + 2],  //三角网格面片的顶点索引
    "Depth": [[D0, D1, D2, D3,……, Dn], Dmax],    //有泥深格网单元的实时泥深、最大泥深
}
```

图 5-27　JSON 格式

3. 动态可视化表达

为了更加逼真地展示泥石流灾害演进过程中不同时刻的泥深信息，将实时获取的受灾区域的不同泥深采用不同颜色进行可视化显示，泥石流可视化颜色采用符合大众对泥石流认知的灰色（从浅至深），如图 5-28 所示。用户可以直观地观察泥深，同时可以查询泥深的

数值信息。泥石流灾害数值模拟还可以记录泥石流灾害演进过程中的最大泥深、最大流速、最大动量等,并可以将其映射到不同的颜色,映射方式采用分级映射,对应索引计算方法如式(5-1)所示,可视化结果可用于后续的风险评估分析。风险色彩等级设计可以采用预警色系、预警色系的组合搭配以及预警相关色系的延伸,如图 5-29 所示。

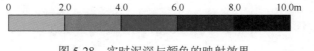

图 5-28　实时泥深与颜色的映射效果

$$ColorIndex = \frac{当前值}{最大值} \times 颜色等级个数 \qquad (5\text{-}1)$$

式中,ColorIndex 表示颜色索引;当前值和最大值分别表示当前的模拟数值和最大模拟数值。

图 5-29　风险色彩等级设计

　　泥石流灾害三维场景构建流程如图 5-30 所示,首先,将有泥深的格网单元提取出来构建泥石流表面三角网结构,在此基础上进行坐标系的转换,即将平面坐标转换为系统支持的球面坐标;其次,将处理后的计算结果数据以指定的结构进行组织并以 JSON 格式

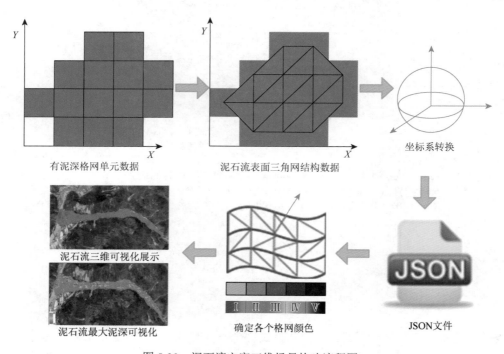

图 5-30　泥石流灾害三维场景构建流程图

输出；然后，根据每个格网的泥深值确定其渲染颜色，并进行实时渲染与可视化展示；最后，利用每次接收到的 JSON 数据实时更新每个格网的状态值，实现泥石流三维动态可视化模拟。

5.3　示意性符号与真实感场景协同可视化

5.3.1　可视化表达连续层次结构

可视化表达具有连续的特征，按对现实世界抽象程度区分则可视化表达连续层次结构的两端分别是非真实感表达和真实感表达。事实上，很难对可视化连续表达模型进行分类，真实感表达可以是照片、精细模型和沉浸式场景等；非真实感表达可以是文字、符号、简单模型等。Bodum（2005）利用云杉树作为样例阐述了真实感的连续性，如图 5-31 所示。

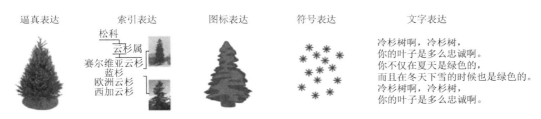

图 5-31　以云杉树为例的不同层次可视化表达（Bodum，2005）

其中，最左侧是抽象层次最低的逼真表达，有时又被称作照片级表达，与现实的相似程度最高。在索引表达中，抽象层次越高的模型越精细，实际上这与 LOD 类似，即按照不同的细节层次进行展示。图标表达用简单抽象的对象来表示特定的事物，其根本目的是传递图标的含义，图标并不一定需要与现实对象相似，但是表达的语义信息需要与其一致。符号是源自制图学领域的概念，通过象形图或其他具有特定意义的符号使其自身具有自解释性，这些解释是对全局或局部的理解。文字表达是抽象层次最高的表达，采用特定语言对现实对象进行解释，通常作为注记与图标、符号等几种表达方式结合使用。在对现实世界进行抽象表达时，正确的可视化表达模式并不唯一，往往不同可视化表达模式进行组合能够产生令人惊喜的效果。

根据灾害场景数据的类型和可视化表达的要求，本书构建了面向灾害场景的非真实感与真实感连续层次结构，如图 5-32 所示。在非真实感的一端，文字是抽象层次最高的表达方式，在灾害场景中用于表达非空间属性信息或提示信息；其次是符号，符号具备良好的自解释性和传递语义信息的能力；然后是预先进行了几何结构和纹理降采样的简单模型，其在一定程度上保持了模型原有的三维特征，但降低了数据量；接着是简单模型搭配应急色，这种方式在保持模型三维特征的基础上传递灾害语义信息；最后是精细模型，主要应用于灾害沉浸式体验和真实感灾害时空全过程反演与可视化。

在灾情信息表达过程中，丰富的语义信息往往比真实感更加重要，将文字、符号和颜色等非真实感表达方式与真实感表达结合，能够在保证一定真实感的同时揭示更多的灾害语义信息。

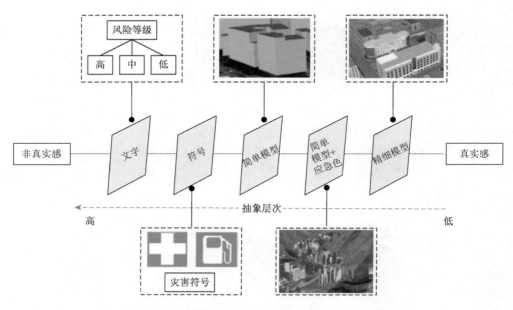

图 5-32　灾害场景非真实感与真实感连续层次结构

1. 真实感表达

在计算机领域，真实感表达又被称作真实感渲染（photorealistic rendering），其追求照片级图像的渲染效果，即通过正确的纹理、光照以及阴影处理使模型看起来十分自然和接近真实，这在游戏场景中颇为常见，如对水体流动、降雨降雪、火焰燃烧等物理现象的模拟（Ragia et al., 2018; Zibrek et al., 2019; Alhakamy and Tuceryan, 2020）。在地理信息科学领域，高分辨率卫星遥感、航空摄影测量和地面三维激光扫描等地理数据获取手段日益丰富与成熟，使得真实感表达在三维 GIS、虚拟地理环境和数字城市等领域得到各种各样的应用，如城市规划、虚拟旅游、数字遗产和智能小区等，这些领域要求地形景观和城市模型高度真实感还原，尤其是沉浸式虚拟现实体验更是要求构建高还原度、高逼真度和高清晰度的虚拟三维场景。以逼真的方式还原真实感三维场景极大地提升了视觉信息的质量和数量，可以很好地促进人的心理映射（Döllner and Kyprianidis, 2009），但同时也带来了如下问题：①精细的几何结构和纹理会使模型数据量倍增；②高度真实的物体可能会使用户面临过大的信息处理压力；③场景过度真实会产生视觉噪声并使信息过载，导致认知不充分；④用户被真实场景吸引，从而忽略场景背后的信息（Glander and Fabrikant, 2009; Bunch and Lloyd, 2006; Jahnke et al., 2008）。图 5-33 展示了深圳市科技园真实感虚拟三维场景，其逼真地还原了深圳市科技园的概况。

图 5-33　深圳市科技园真实感虚拟三维场景

2. 非真实感表达

非真实感表达（non-photorealistic rendering）是计算机图形学的一个分支，涉及一系列具有说明性、表现力和艺术性的传递视觉信息的新方法，它的出现打破了计算机图形学所建立的使用照片级逼真表达的传统表达模式（Döllner，2007）。与真实感渲染所要求的场景高度逼真不同，非真实感表达在保持模型基本自然特性的基础上，降低了场景的真实感程度，使得场景对象能够被快速、直观地识别与认知，并通过简化、夸张等艺术性处理手法，提供一种更具表现力、信息传递效率更高的场景，以吸引用户的好奇心和注意力（Durand，2002；Jahnke et al.，2008）。在地学信息可视化中，非真实感渲染技术有样式化轮廓、边缘增强、色调阴影、程序化纹理贴图等，许多成熟的虚拟三维场景优化技术（如视锥体裁剪、遮挡剔除和多细节层次模型等）并不局限于真实感表达，它们同样也可以应用于非真实感展示（Semmo et al.，2015）。总的来说，非真实感表达由于降低了模型的精细化程度，所以能够有效提升场景的绘制效率，并且能够传递更多的语义信息。图 5-34 为三维城市模型非真实感表达示例。

3. 符号化表达

根据皮尔士的三元符号理论，符号类型主要有图像（icon）、指示（index）和象征（symbol）三种。其中，图像符号是依靠相似性来表达对象的，所以在一定程度上具有与表达对象相同的形状、颜色等，比较典型的例子有画像、照片、建筑图纸等；指示符号与其所表征的对象并不是直接关联，而是与表征对象具有因果或时空关系，例如，在去停车

图 5-34　三维城市模型非真实感表达示例（Jahnke et al.，2008）

场的路上有箭头指示符号，这些符号本身并不具有意义，但通过空间上的关联就具备了指示意义；象征符号具有抽象意义，符号与对象之间的联系是约定俗成的，具有简洁性、直观性和自解释性等特点，容易被大众接受（丁尔苏，1994）。

　　地图语言作为特殊的表达空间信息的图形视觉语言，改变了人们看待世界的角度和方式。地图符号是地图语言的基本表现形式之一，既可以表示实体的形状、位置、结构和大小，也可以表示实体的类型、等级以及数量和质量特征。地图符号运用各种抽象的视觉形象来反映客观世界中存在的地理信息，具有共通性、概括性、系统性和可视化的特点（廖克，2003）。按空间维度可将地图符号分为二维地图符号和三维地图符号，二维地图符号主要包括点状符号、线状符号和面状符号。三维 GIS 的不断发展与进步，催生出更加形象化的三维地图符号，其具有立体感、更加逼真且能够直观地表达空间地理信息，是地图符号的必然发展趋势（古光伟，2014；李艳，2018）。图 5-35 为符号化表达示例。

图 5-35　符号化表达示例

5.3.2　示意性符号与真实感场景协同

1. 可视化选择影响因子分析

灾害场景对象可视化表达方法有真实感表达、非真实感表达和示意性符号表达等，在实际应用中往往会因为数据、技术限制和应用需求不同，需要为场景对象选择一个合适的可视化表达方法。本书根据灾害场景的构建要求和特性，从场景数据限制、绘制效率限制和场景表达限制三个方面进行考虑，建立一套适用于灾害场景对象可视化方法选择的影响因子分析体系，详见式（5-2）。

$$B_{\text{factor}} = \langle B_1, B_2, B_3 \rangle \qquad (5\text{-}2)$$

式中，B_{factor} 表示影响场景对象可视化的因子的总称；B_1 表示灾害信息获取难易程度，即在灾害应急状态下，获取某类灾害场景对象数据的难易程度；B_2 表示场景可视化效率影响，即灾害对象可视化对场景绘制效率的影响；B_3 表示真实感可视化必要性，即灾害对象是否需要真实感可视化，也就是真实感可视化对于灾情信息传递是否有用。

2. 基于层次分析法确定因子权重

层次分析法是由美国著名运筹学家 Saaty 于 20 世纪 70 年代提出的一种层次权重决策分析方法，其目的是采用定性分析和定量分析相结合的决策分析方法解决多目标综合评价问题（邓雪等，2012）。层次分析法的主要步骤包括建立层次结构模型、构造判断矩阵、层次单排序和一致性检验、层次总排序和一致性检验、建立最终的评估模型。本书在借鉴国内外相关研究基础上，首先对可视化选择影响因子进行综合分析，接着构建面向灾害场景对象可视化方法选择的层次结构模型和判断矩阵，然后基于专家经验确定评分标准，最后构建灾害场景可视化方法选择评估模型。

1）构建层次结构模型和判断矩阵

面向灾害场景对象可视化方法选择的层次结构模型如图 5-36 所示，主要包括目标层、规则层和方案层。目标层选择需要进行真实感表达的灾害对象；规则层包括灾害信息获取难易程度、场景可视化效率影响和真实感可视化必要性；方案层包括地形场景、受灾房屋、受灾道路、灾害过程、重要设施和经济损失等灾害对象。

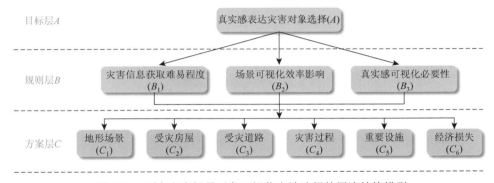

图 5-36　面向灾害场景对象可视化方法选择的层次结构模型

当完成目标层、规则层和方案层的隶属层次结构疏理后，就需要对影响因子的重要程度进行分析，并对同一层次的因子进行两两之间的比较判断，建立判断矩阵。在判断矩阵的构造过程中，因子的两两比较一般参考 1～9 标度法（尹灵芝，2018），判断矩阵具体标度的含义见表 2-4。其中，标度 1 表示比较的两个因子具有同等重要性，标度值增加，重要性增加，倒数则表示相反的重要性。

2）判断矩阵一致性检验

为了保证层次分析结果的合理性，需要对判断矩阵进行一致性检验，通常采用一致性比率指标 CR 检验判断矩阵的可靠度（王学良和李建一，2011），其计算方法如式（5-3）所示：

$$CR = \frac{CI}{RI} \tag{5-3}$$

式中，CR 表示一致性比率；CI 表示一致性指标；RI 表示随机一致性指标，其参考值见表 5-1。

当 CR 小于 0.1 时，认为判断矩阵通过一致性检验，否则需要调整判断矩阵中元素的取值。一致性指标 CI 的计算方法如式（5-4）所示：

$$CI = \frac{\lambda_{max} - n}{n - 1} \tag{5-4}$$

式中，n 表示矩阵的阶数；λ_{max} 表示判断矩阵的最大特征根，特征根的解法已有诸多示例可以参考，本书不再赘述。

一般认为，当 CI 等于零时，具有完全的一致性，CI 接近零，有满意的一致性；CI 越大，不一致性问题越严重。

表 5-1　随机一致性指标 RI 取值

n	1	2	3	4	5	6	7	8	9	10
RI	0	0	0.58	0.90	1.12	1.24	1.32	1.41	1.45	1.49

3）确定评分标准和模型构建

利用层次分析法可以计算出每个影响可视化方法选择的因子的权重，但这仅代表了在进行灾害场景对象可视化方法选择时影响因子的重要程度，要想得出最终得分，还需要综合考虑灾害对象在每个影响因子下的得分。本书将影响因子分为灾害信息获取难易程度、场景可视化效率影响和真实感可视化必要性三类，结合专家经验并参考李克特量表打分标准，得出不同影响因子下灾害对象的得分，见表 5-2。

表 5-2　灾害对象评分标准

影响因子	得分标准				
	一点也不	不太	一般	比较	非常
灾害信息获取难易程度	10	8	6	4	2
场景可视化效率影响	10	8	6	4	2
真实感可视化必要性	2	4	6	8	10

分析不同影响因子对于各个灾害对象的重要程度，利用经验理论和专家知识对不同灾害对象进行打分，打分结果见表 5-3。

表 5-3　各影响因子下灾害对象得分

灾害对象	地形场景	受灾房屋	受灾道路	灾害过程	重要设施	经济损失
得分	6/4/10	2/4/2	2/8/2	6/6/8	4/8/2	4/10/2

得到各影响因子的权重和相应因子下灾害对象的得分后，采用线性综合评判法构建灾害对象可视化方法选取模型（尹灵芝，2018），即每一个灾害对象可视化方法最后的总得分为影响因子的权重和相应得分的乘积之和，计算方法如式（5-5）所示：

$$T = \sum_{i=1}^{n} w_i x_i \qquad (5-5)$$

式中，T 表示灾害对象的总得分；w_i 表示影响因子的权重；x_i 表示对应影响因子下灾害对象的得分。

某类灾害对象的总得分越高，表明该类灾害对象越适合采用真实感可视化，反之则可以采用示意性符号表达。

3. 示意性符号与真实感场景协同模型

为了清晰阐述灾害场景中示意性符号与真实感场景协同表达机制，本书根据灾害信息获取难易程度、场景可视化效率影响、真实感可视化必要性这三个影响因子构建了一个立方体模型，如图 5-37 所示。当进行灾害对象可视化时，用户必须首先考虑灾害信息获取难易程度。如果数据采集困难，为了保持灾害场景的完整性，则必须采用其他简单

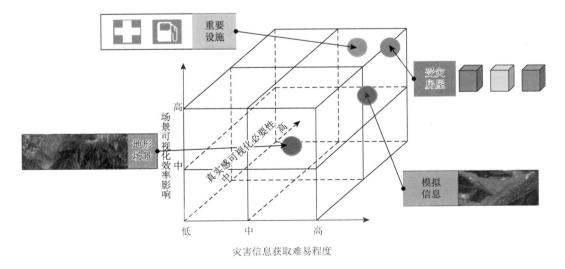

图 5-37　示意性符号与真实感场景协同表达立方体模型

模型或灾害符号替代。同时需要考虑可视化效率和增强表达，因为过度使用真实感可视化会导致语义信息缺乏和渲染效率降低。通过综合分析每种灾害对象在立方体中的位置，利用多种可视化表达方式协同应用，可实现复杂灾害环境下灾情信息的快速表达，在满足可视化效率要求的同时有效传递灾情信息。

4. 灾害场景认知与可视化效率评价

在认知问题上已经有不少学者开展过相关研究（遆鹏等，2015；Dong et al.，2018a，2018b；申申等，2018；贾奋励等，2018），尤其是在制图学领域，研究者试图通过改变符号的颜色、尺寸、形状等提升人们认识和理解地图的能力。为了测试灾害场景认知水平和绘制效率，本书开展虚拟地理实验，其主要思路如图 5-38 所示。

1）灾害虚拟地理环境构建

灾害虚拟地理环境是整个实验的基础，通过对基础环境数据、建筑道路数据、灾害模拟数据以及专题数据建模，并以空间语义约束为条件，可实现多源灾情信息下灾害虚拟地理环境快速构建。

2）灾害场景认知水平实验

首先让测试人员分别观察用两种不同的可视化方法构建的灾害场景，并回答预设问题，然后统计并分析测试人员观察两幅不同场景时灾害对象记录的准确率和完成时间。

3）灾害场景绘制效率实验

针对两种不同的灾害场景，设定固定的漫游路线、漫游高度以及漫游时间，以测试不同可视化方法对场景绘制效率的影响。

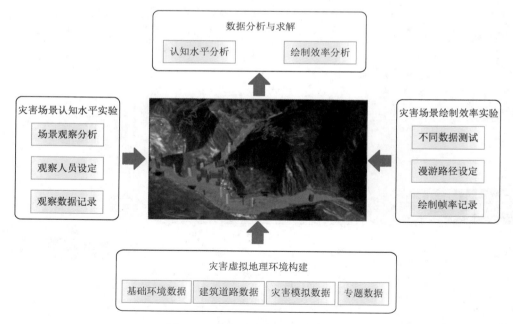

图 5-38　虚拟地理实验的主要思路

5.4　灾害全过程动态增强表达

随着智慧城市的发展，大范围、真实感强、高精度和高清晰度成为三维场景未来的发展趋势（Döllner and Kyprianiais，2009；Nebiker et al.，2015）。与三维场景真实感渲染相比，灾害场景可视化更加看重灾情信息的传播。本书将增强表达定义为：以虚拟地理场景为载体，通过基本视觉变量组合形成高亮、闪烁、变形等新的语义视觉变量，同时结合文字、自解释性符号实现对场景信息语义的增强与深度聚焦，从而帮助用户快速理解和掌握关键信息。同时，增强表达能够将空间信息和非空间属性数据进行有效的关联，在三维空间中叠加信息和知识，让用户通过增强手段看到场景数据的本质，增强场景数据的自解释性（Li et al.，2019）。

5.4.1　多样化视觉变量联合的场景对象语义增强

灾害场景构建不只要面向专业人员，更要面向普通公众，如何利用最少的信息获得更高的灾情信息传递效率是需要重点考虑的问题。视觉变量能够提升人们对事物的感知能力。如 5.1.1 节所述，静态视觉变量包括形状、尺寸、色彩、亮度、方向和纹理，静态视觉变量作为二维地图图形符号设计的基础，在加强地图符号的构图规律以及地图的表达效果方面起着十分重要的作用。但对于电子地图、三维 GIS 和虚拟地理环境来讲，仅仅考虑静态视觉变量是不够的，将时刻、频率、持续时间、同步和次序等动态视觉变量融入虚拟地理环境能够更加真实、直观地揭示空间现象的状况和特征。

视觉变量的联合使用能够加强阅读效果，可以更加有效地表达目标信息（陈月莉，2005；Jahnke et al.，2008；Garlandini and Fabrikant，2009）。本章提出一种多样化视觉变量联合的场景对象语义增强方法，以反映灾害对象更多的语义信息，详见式（5-6）。

$$M\{S(s_1,s_2,\cdots),D(d_1,d_2,\cdots)\} \xrightarrow{f(x_1,x_2,\cdots)} E\{P(x,y,z),A(a_1,a_2\cdots),R(r_1,r_2\cdots)\} \quad (5\text{-}6)$$

式中，M 表示多样化视觉变量；$S(s_1,s_2,\cdots)$ 表示静态视觉变量；$D(d_1,d_2,\cdots)$ 表示动态视觉变量；$f(x_1,x_2,\cdots)$ 表示增强表达方法，如闪烁、高亮、移动、强调等；E 表示灾害场景对象的特征信息；$P(x,y,z)$ 表示空间方位；$A(a_1,a_2,\cdots)$ 表示属性信息，如灾害范围、受灾损失等；$R(r_1,r_2,\cdots)$ 表示关联关系，主要包括因果关联关系、时间关联关系等。

通过静态视觉变量和动态视觉变量结合的方法，除了能够展示常规的灾害静态属性信息外，还能够动态揭示灾害对象的时空变化规律，提升用户的感知度。

多样化视觉变量联合的场景对象语义增强方法如图 5-39 所示，从微观的角度讲，采用次序和同步视觉变量组合表达灾害发生的因果关系，如地震导致地质结构松动、短期强降雨等诸多因素诱发了泥石流灾害的发生；将频率、颜色、亮度和尺寸视觉变量进行组合能够形成不同层次、不同尺寸和颜色渐变的动态扩散符号，进而形象地聚焦地震发生的位置；持续时间、形状和方向等视觉变量组合形成的箭头移动能够让用户感知到灾害暴发的起点位置、终点位置和演进方向；时刻、颜色和频率的组合能够对灾害发生的时间、地点、位置和事件描述进行强调，让用户快速感知灾害发生情况。从宏观的角度讲，静态视觉变量能够形成各式各样的灾害示意性符号，而动态视觉变量能够对自解释性特征进行增强描述，从而帮助用户快速捕获灾情语义信息。

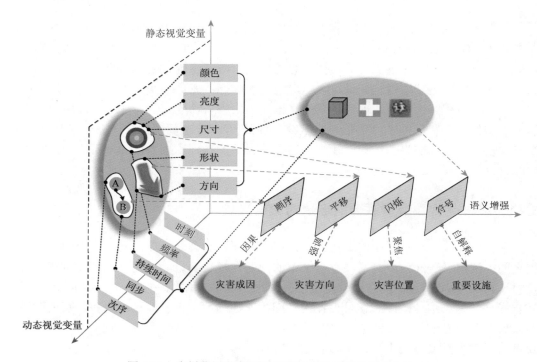

图 5-39　多样化视觉变量联合的场景对象语义增强方法

5.4.2　灾害全过程动态增强可视化

灾害动态可视化场景的高复杂度和高信息量会增加公众的记忆和认知负担。故事地图能够在地理背景下以清晰、直观和交互的方式讲述地理环境中特定事件、问题、模式或趋势的信息。故事地图的核心在于如何叙述故事的主旨和中心思想，主要包括故事、文本、空间数据、辅助支持内容和用户体验等要素。其中故事并不是传统的基于文本叙事，而是另外一个概念，其目的是根据不同使用者的知识水平和能力提供更加明确的信息；文本的表达应该尽量避免使用专业术语且一目了然；空间数据是搭建故事地图的基础，一般包括影像数据、现有地图和 Web 地图；辅助支持内容用于信息的增强，如利用弹窗、动画等增强数据的表达效果；用户体验则要求交互设计和功能界面应该尽可能简单和直观。

考虑到不同用户的背景知识结构以及处理灾害信息的能力不同，本书借鉴故事地图的核心思想，采用"讲故事"的叙事方式阐述灾害发生的前因后果，对灾害全过程进行增强描述，如图 5-40 所示。本书将灾害全过程分为三个部分：灾害成因、时空过程和受灾情况。以泥石流灾害为例，首先，利用扩散符号、场景晃动和信息弹窗描述灾害发生的背景，历史上多次地震的影响造成了灾害所在位置部分区域的地质结构松动，同时加上短期的集中降水和水位上升，这些因素诱发了泥石流灾害；其次，采用文字闪烁、动态箭头、边界高亮和动态展示等手段使泥石流灾害事件的时空演变过程可视化，在时空变化过程中搭配泥深、流速和淹没范围等信息的实时展示；最后，采用自解释性符号表达房屋、河流、道路、重要基础设施受损情况和可达性。通过正确的因果逻辑和上下文关系对泥石流灾害全过程进行增强表达，系统地提升泥石流灾害信息的传递能力和不同用户对泥石流灾害的认知水平，使用户能够更加容易地理解泥石流灾害的发生、发展过程以及造成的影响。

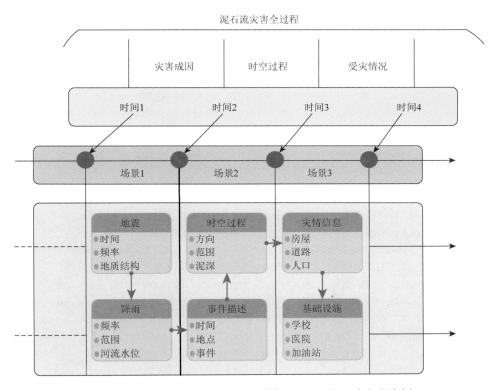

图 5-40　灾害全过程增强表达逻辑模型——以泥石流灾害为例

参 考 文 献

陈泰生, 2011. 三维符号及其共享研究[D]. 南京：南京师范大学.

陈毓芬, 1995. 地图符号的视觉变量[J]. 解放军测绘学院学报, 12（2）：145-148.

陈月莉, 2005. 三维动画地图中的视觉变量及若干表示方法研究[D]. 武汉：武汉大学.

邓雪, 李家铭, 曾浩健, 等, 2012. 层次分析法权重计算方法分析及其应用研究[J]. 数学的实践与认识, 42（7）：93-100.

丁尔苏, 1994. 论皮尔士的符号三分法[J]. 四川外语学院学报（3）：10-14.

高玉荣, 朱庆, 应申, 等, 2005. GIS 中三维模型的视觉变量[J]. 测绘科学, 30（3）：4, 41-43.

龚建华, 李文航, 张国永, 等, 2018. 增强地理环境中过程可视化方法——以人群疏散模拟为例[J]. 测绘学报, 47（8）：1089-1097.

古光伟, 2014. 三维地理空间模型符号化研究[D]. 西安：西安科技大学.

胡祥云, 胡祖志, 钟宏伟, 等, 2004. 科学可视化及其在地学中的应用[J]. 工程地球物理学报, 1（4）：358-362.

贾奋励，田江鹏，智梅霞，等，2018. 虚拟地理试验的地标视觉显著度模型[J]. 测绘学报，47（8）：1114-1122.

蒋秉川，夏青，岳利群，等，2009. 基于三维地图视觉变量理论的三维符号设计[J]. 测绘科学，34（6）：159-161.

李杰，2015. 地理观测数据时空可视化方法研究[D]. 天津：天津大学.

李艳，2018. 符号化与真实感协同的地震灾情信息可视化方法[D]. 成都：西南交通大学.

廖克，2003. 现代地图学[M]. 北京：科学出版社.

林一，陈靖，周琪，等，2015. 移动增强现实浏览器的信息可视化和交互式设计[J]. 计算机辅助设计与图形学学报，27（2）：320-329.

凌善金，王晓铃，丁园园，2017. 静态地图符号视觉变量的分类及作用[J]. 安徽师范大学学报（自然科学版），40（1）：69-76.

闾国年，俞肇元，袁林旺，等，2018. 地图学的未来是场景学吗？[J]. 地球信息科学学报，20（1）：1-6.

彭艺，陈莉，雍俊海，2013. 大规模、时变数据的体绘制与特征追踪[J]. 计算机辅助设计与图形学学报，25（11）：1614-1622，1634.

戚森昱，杜京霖，钱沈申，等，2015. 多维数据可视化技术研究综述[J]. 软件导刊，14（7）：15-17.

任磊，杜一，马帅，等，2014. 大数据可视分析综述[J]. 软件学报，25（9）：1909-1936.

任磊，王威信，滕东兴，等，2008. 面向海量层次信息可视化的嵌套圆鱼眼视图[J]. 计算机辅助设计与图形学学报，20（3）：298-303，309.

任磊，魏永长，杜一，等，2015. 面向信息可视化的语义 Focus + Context 人机交互技术[J]. 计算机学报，38（12）：2488-2498.

单桂华，谢茂金，李逢安，等，2015. 大规模天文时序粒子数据的可视化[J]. 计算机辅助设计与图形学学报，27（1）：1-8.

申申，龚建华，李文航，等，2018. 基于虚拟亲历行为的空间场所认知对比实验研究[J]. 武汉大学学报（信息科学版），43（11）：1732-1738.

逄鹏，徐柱，肖亮亮，等，2015. 网状地图自动化示意化设计规则研究综述[J]. 测绘通报（3）：1-5.

王攀，2013. 大规模数据并行可视化关键技术研究[D]. 长沙：国防科学技术大学.

王松，吴斌，吴亚东，2018. 感知增强类流场可视化方法研究与发展[J]. 计算机辅助设计与图形学学报，30（1）：30-43.

王学良，李建一，2011. 基于层次分析法的泥石流危险性评价体系研究[J]. 中国矿业，20（10）：113-117.

杨泉，2012. 基于数字地球的大规模矢量数据三维实时绘制技术[D]. 长沙：国防科学技术大学.

尹灵芝，2018. 用于泥石流灾害快速风险评估的实时可视化模拟分析方法[D]. 成都：西南交通大学.

张聪，张慧，2006. 信息可视化研究[J]. 武汉工业学院学报，25（3）：45-48.

张浩，郭灿，2012. 数据可视化技术应用趋势与分类研究[J]. 软件导刊，11（5）：169-172.

张翔，2015. 基于 WebGIS 的多样化终端洪水时空过程模拟与可视化[D]. 成都：西南交通大学.

周忠，周颐，肖江剑，2015. 虚拟现实增强技术综述[J]. 中国科学（信息科学），45（2）：157-180.

朱庆，陈兴旺，丁雨淋，等，2017. 视觉感知驱动的三维城市场景数据组织与调度方法[J]. 西南交通大学学报，52（5）：869-876.

朱庆，付萧，2017. 多模态时空大数据可视分析方法综述[J]. 测绘学报，46（10）：1672-1677.

Alhakamy A A，Tuceryan M，2020. Real-time illumination and visual coherence for photorealistic augmented/mixed reality[J]. ACM Computing Surveys（CSUR），53（3）：1-34.

Andrienko G，Andrienko N，Demsar U，et al.，2010. Space，time and visual analytics[J]. International Journal of Geographical Information Science，24（10）：1577-1600.

Bandrova T，2001. Designing of symbol system for 3D city maps[C]//Proceedings of the 20th International Cartographic Conference，Beijing，ICA（2）：1002-1010.

Bertin J，1983. Semiology of graphics：diagrams，networks，maps[M]. Madison：University of Wisconsin Press.

Bodum L，2005. Modelling virtual environments for geovisualization：a focus on representation[M]. London：Elsevier.

Bunch R L，Lloyd R E，2006. The cognitive load of geographic information[J]. The Professional Geographer，58（2）：209-220.

Cöltekin A，Heil B，Garlandini S，et al.，2009. Evaluating the effectiveness of interactive map interface designs：a case study integrating usability metrics with eye-movement analysis[J]. Cartography and Geographic Information Science，36（1）：5-17.

DiBiase D，MacEachren A M，Krygier J B，et al.，1992. Animation and the role of map design in scientific visualization[J].

Cartography and Geographic Information Systems，19（4）：201-214，265-266.

Döllner J，2007. Non-photorealistic 3D geovisualization[C]//Multimedia Cartography. Berlin：Springer.

Döllner J，Kyprianidis J E，2009. Approaches to image abstraction for photorealistic depictions of virtual 3D models[C]//Cartography in Central and Eastern Europe. Berlin：Springer.

Dong W H，Wang S K，Chen Y Z，et al.，2018a. Using eye tracking to evaluate the usability of flow maps[J]. ISPRS International Journal of Geo-Information，7（7）：281.

Dong W H，Zheng L Y，Liu B，et al.，2018b. Using eye tracking to explore differences in map-based spatial ability between geographers and non-geographers[J]. ISPRS International Journal of Geo-Information，7（9）：337.

Durand F，2002. An invitation to discuss computer depiction[C]//Proceedings of the 2nd International Symposium on Non-Photorealistic Animation and Rendering：111-124.

Garlandini S，Fabrikant S I，2009. Evaluating the effectiveness and efficiency of visual variables for geographic information visualization[C]//International Conference on Spatial Information Theory. Berlin：Springer.

Glander T，Döllner J，2009. Abstract representations for interactive visualization of virtual 3D city models[J]. Computers，Environment and Urban Systems，33（5）：375-387.

Jahnke M，Meng L Q，Kyprianidis J E，et al.，2008. Non-photorealistic rendering on mobile devices and its usability concerns[C]//CD-Proceedings Virtual Geographic Enviroments-An international Conference on Development on Visualization and Virtual Enviroments in Geographic Information Science. Beijing：Science Press.

Johnson C，2004. Top scientific visualization research problems[J]. IEEE Computer Graphics and Applications，24（4）：13-17.

Keim D，Andrienko G，Fekete J D，et al.，2008. Visual analytics：definition，process，and challenges[M]. Berlin：Springer.

Li W L，Zhu J，Zhang Y H，et al.，2019. A fusion visualization method for disaster information based on self-explanatory symbols and photorealistic scene cooperation[J]. ISPRS International Journal of Geo-Information，8（3）：104.

Li Y，Zhu Q，Fu X，et al.，2020. Semantic visual variables for augmented geo-visualization[J]. The Cartographic Journal，57（1）：43-56.

Maceachren A M，Gahegan M，Pike W，et al.，2004. Geovisualization for knowledge construction and decision support[J]. IEEE Computer Graphics and Applications，24（1）：13-17.

Meyer V，Kuhlicke C，Luther J，et al.，2012. Recommendations for the user-specific enhancement of flood maps[J]. Natural Hazards and Earth System Sciences，12（155）：1701-1716.

Nebiker S，Cavegn S，Loesch B，2015. Cloud-based geospatial 3D image spaces：a powerful urban model for the smart city[J]. ISPRS International Journal of Geo-Information，4（4）：2267-2291.

Petrovič D，Mašera P，2004. Analysis of user's response on 3D cartographic presentations[C]//Proceedings of 7th meeting of the ICA Commission on Mountain Cartography. Bohinj：Slovenia.

Ragia L，Sarri F，Mania K，2018. Precise photorealistic visualization for restoration of historic buildings based on tacheometry data[J]. The Journal of Geographical Systems，20（2）：115-137.

Reichenbacher T，Swienty O，2007. Attention-guiding geovisualisation[C]//Proceedings of the 10th AGILE International Conference on Geographic Information Science. Denmark：Aalborg University.

Semmo A，Trapp M，Jobst M，et al.，2015. Cartography-oriented design of 3D geospatial information visualization-overview and techniques[J]. The Cartographic Journal，52（2）：95-106.

Thomas J J，Cook K A，2005. Illuminating the path：the research and development agenda for visual analytics[M]. State of New Jersey：IEEE Computer Society.

Wong P C，Thomas J，2004. Visual analytics[J]. IEEE Computer Graphics and Applications，24（5）：20-21.

Yin L Z，Zhu J，Zhang X，et al.，2015. Visual analysis and simulation of dam-break flood spatiotemporal process in a network environment[J]. Environmental Earth Sciences，74（10）：7133-7146.

Zibrek K，Martin S，Mcdonnell R，2019. Is photorealism important for perception of expressive virtual humans in virtual reality？[J]. ACM Transactions on Applied Perception（TAP），16（3）：1-19.

第6章　泥石流灾害演进模拟与可视化分析服务

随着网络服务和网络技术的快速发展，公众对泥石流灾害过程演进模拟的网络"实时"集成与可视化分析提出了更高的要求。不同的网络与用户终端环境对泥石流灾害演进模拟与可视化分析的需求有所差异。本书基于 WebGL 与网络数据传输技术等，设计泥石流灾害演进模拟与可视化分析服务总体框架，优化服务器端泥石流计算模型，同时针对不同用户终端的需求，设计面向不同用户终端的界面与人机交互功能，发布客户端泥石流演进模拟与可视化服务，以期实时地进行泥石流灾害演进模拟与时空动态交互分析，并向公众提供预警信息，发布应急救援与处置方案。

6.1　相关概念与技术

6.1.1　WebGL 技术

WebGL 作为新一代 Web3D 图形标准，相对于传统的三维 WebGIS 前端显示技术，为 Web 三维应用程序提供了统一的、标准的、跨平台的 OpenGL 接口，实现了底层图形硬件加速，可对图形进行渲染，无须插件支持，为 WebGIS 大规模三维场景渲染提供了新的解决方案（朱丽萍等，2014）。

WebGL API 是基于 OpenGL ES 2.0 的低级三维图形 API，通过 HTML5 中的 Canvas 元素为绘制三维图形提供环境（Khronos Group，2012）。浏览器端通过调用 Canvas 的 getContext()方法获得 WebGLRenderingContext 对象，该对象提供调用 WebGL API 的全部接口。使用 WebGL 进行三维图形的渲染时，既需要编写 JavaScript 代码以在 CPU 端调用 WebGL API 进行链接、编译着色器，设置或计算顶点、纹理数据、变换矩阵，以及建立缓冲区（buffer）等，又需要利用 OpenGL 着色语言编写顶点着色器（vertex shader）和片段着色器（fragment shader），控制 GPU 进行几何图形中顶点和像素的处理。利用 WebGL 在浏览器端进行三维图形绘制渲染的基本原理和流程如图 6-1 所示。

在完成 WebGL 运行环境的初始化之后，首先需要载入编写好的着色器代码并进行编译，同时将编译好的着色器链接到创建的着色器程序中，如果链接成功，WebGL 就可以利用该程序进行图形绘制；其次为需要绘制的图形对象创建顶点数据（顶点数组、颜色数组、索引数组）和变换矩阵（投影矩阵、模型视图矩阵等），并将这些数据的缓存（顶点缓存、纹理坐标缓存）和变换矩阵与着色器相应的属性关联起来，如果使用纹理贴图，则还要创建纹理对象、设置纹理坐标；最后启用着色器程序进行三维图形的绘制。在 GPU 绘制流程中，顶点着色器先根据传入的几何图形对顶点数据进行缓存以及利用变换矩阵计算顶点位置，并将获取到的纹理坐标和顶点颜色传给片段着色器，之后将这些顶点装配成几何图元（三角形、

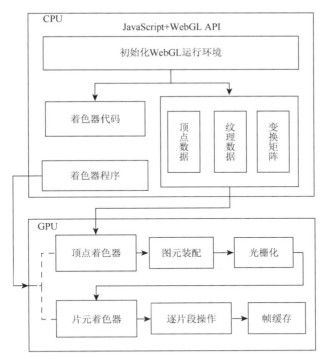

图 6-1　WebGL 绘制渲染的基本原理及流程

线段或点精灵），最后将视锥体内的图元进行光栅化（转换为片段）处理并传入片段着色器进行颜色和纹理的计算。在逐片段操作中进行裁剪测试、多重采样片段运算、模板测试、深度缓存测试融合、抖动等处理，最终输出帧缓存，并绘制成图像。

6.1.2　WebGL 三维引擎

WebGL 技术实现了浏览器端的无插件三维渲染，并且支持跨平台运行，但是 WebGL API 是一种底层绘图 API，在渲染时必须手动设置部分操作，如纹理、片元着色器、顶点着色器的相关操作和矩阵变换等。这些操作对开发人员的要求较高，需要开发人员熟悉底层细节，实现起来需要耗费大量的时间和精力。为了提升 WebGL 开发效率，研究者将 WebGL 底层 API 封装成三维引擎。选用三维引擎进行三维可视化开发是目前最常用的方法。Three.js 和 Cesium 是目前常用的 WebGL 三维引擎，二者各有优劣势，需要从具体需求出发，选择最合适的 WebGL 三维引擎作为三维可视化的开发工具。

Three.js 是目前用途最广泛的 WebGL 可视化类库。它将 WebGL 底层 API 封装，从而使得开发人员免于学习掌握复杂的计算机图形学理论，开发人员编写简单的代码就能实现三维场景渲染，其降低了开发难度，提高了开发人员工作效率，且在实现三维效果方面表现优异。Three.js 支持多种渲染器渲染场景，提供了三维场景创建所需的点、线、面等基本要素，并可以快速地往场景中添加镜头、物体、光线等对象；支持加载多种三维数据格式的三维模型和对象，但不支持空间信息展示，与 GIS 相关的功能需要开发者自己编程实现，开发工作量巨大。

　　Cesium 是一个使用 WebGL 的地图引擎,也是一个 JavaScript 开源库,支持 2D、2.5D、3D 格式的地图展示,多用来绘制三维虚拟地球;支持多种地图服务,如 WMTS、WFS 和 WMS 等。Cesium 虽然支持三维模型的加载,但需要手动将三维模型的格式转换成 Cesium 特有的格式,配套的插件以及周边资源都不如 Three.js 丰富。

6.1.3　网络数据传输技术

1. HTTP 与 Ajax 技术

　　超文本传输协议(hyper-text transfer protocol,HTTP)是 Web 浏览器与服务器之间的应用层通信协议,它定义了一套 Web 浏览器与服务器进行请求和应答响应时所需要遵守的规范,包括进行 HTTP 请求时的请求头信息和请求体,以及进行 HTTP 响应时的响应头信息和可能包含的响应体。HTTP 协议具有简单、灵活、可传输的内容类型丰富(图片、视频等)的特点。同时 HTTP 协议是无记忆状态的,即浏览器的每一次请求都是唯一和独立的,服务器不会保存相关的会话信息。

　　Ajax 技术(Garrett,2005)是在 HTTP 协议下实现的数据异步通信技术,通过 JavaScript 调用 XMLHttpRequest 对象的属性和方法与服务器端进行数据的交互,然后操作 DOM(document object model,文档对象模型)(提供对文档内容、结构、风格进行访问和更新的应用程序接口),实现 Web 页面的无刷新更新(栾绍鹏和朱长青,2006)。

2. Web 实时通信技术与 WebSocket

　　在传统的 HTTP 协议下往往使用轮询(polling)、长轮询(long polling)和基于 HTTP 流(stream)三种方式来模拟实时双向通信(Pimentel and Nickerson,2012;易仁伟,2013)(图 6-2)。轮询即客户端以一定的时间间隔向服务器不断发送请求,当服务器没有数据更新时,大量的无效请求会增加网络负担。长轮询即客户端在第一次发送请求时,与服务器建立一个长连接,当服务器没有数据更新时,服务器会一直维持这个请求连接(将请求阻塞),直到有新的数据返回至客户端或者连接超时。HTTP 流是指在页面中内嵌一个 <Iframe> 标签,并将其 src 属性设置为一个长连接请求。当浏览器加载页面后,内嵌的 <Iframe> 发起长连接请求,服务器则响应请求,建立长连接,并不断更新该连接的状态以维持该连接。服务器在更新数据后会通过这个长连接将数据传送到 <Iframe> 中,浏览器解析标签后获取数据并更新页面内容。每次完成数据传输后,继续保持该连接,只有在通信出现错误或重建连接时才关闭该连接(杨文婷,2012)。以上方式均将 HTTP 作为通信协议,而 HTTP 连接的建立和关闭过程都要消耗一定的时间和资源,当实时数据请求较为频繁时,服务器的负载较大。此外,在 HTTP 连接建立和关闭的过程中产生的新数据无法发送到客户端,这将导致客户端的数据丢失(温照松等,2012)。

　　利用 Java Applet、Flex、Silverlight、ActiveX 等客户端插件可在 Socket 通信协议下实现 Web 即时通信:用户打开 Web 页面,页面载入后启动相应的浏览器插件程序并向 Socket 服务器主动发起一个 Socket 连接请求,在服务器响应并建立连接后,插件程序就能实时接收服务器发送过来的信息(易仁伟,2013)。在该方式下,浏览器通过插件与服务器建

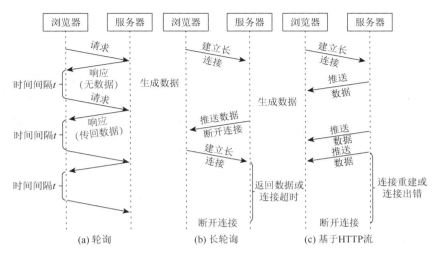

图 6-2　基于 HTTP 的 Web 实时通信方案

立持久的 TCP 连接，以保证数据即时发送，降低数据的丢失率。相对于 HTTP 传输，这种传输方式不需要耗费额外的通信流量（如 HTTP 请求携带的头信息），流量有效利用率较高，但依赖特定的插件，不具有良好的跨平台性，且插件的维护成本较高。

　　HTML5 标准中的 WebSocket 协议支持在浏览器和服务器之间提供一条基于 TCP连接的双向通道，实现实时双向通信，该协议支持在浏览器和服务器之间提供一条基于 TCP 连接的双向通道，以实现实时双向通信。WebSocket 协议规范由两部分组成：一部分是由 IETF（internet engineering task force，因特网工程任务组）制定的 WebSocket协议；另一部分是由 W3C（world wide web consortium，万维网联盟）制定的基于JavaScript 实现的浏览器端 WebSocket API。

　　综上所述，利用 WebSocket 来构建实时 WebGIS 应用相对于传统的 HTTP 解决方案和浏览器插件具有以下优势：①浏览器与服务器之间的数据传输建立在稳定的 TCP 连接之上，可以保证数据传输的稳定性和及时性，降低网络负载，并较大幅度地提高实时通信的性能；②在浏览器端利用 JavaScript 调用 WebSocket API 进行开发，便于将通信功能与其他前端 GIS 数据处理功能或数据可视化显示功能相结合，增强浏览器端功能模块的耦合性，降低浏览器端的开发成本和难度；③目前，主流 Web 浏览器在电脑端和移动端都对 WebSocket 有较好的支持，这增强了 Web 实时应用的跨平台性。

6.2　总体框架设计

　　泥石流模拟可视化分析可以在单机平台上进行，由此能够动态展示泥石流的淹没范围、演进过程和发展趋势等信息。同时，基于 WebGIS 和面向多样化终端进行泥石流模拟可视化分析能向互联网用户群体发布泥石流灾害信息，使用户能够在网络环境下利用多种终端（个人电脑、手机、平板电脑等）在虚拟地形环境中查看泥石流动态演进过程，其对于帮助公众全面了解泥石流灾情，辅助政府制定减灾方案、展开应急救援都有重要意义。

为了满足 Web 应用跨平台的需求，WebGIS 通常采用 B/S（browser/server，浏览器/服务器）架构，即用户通过 Web 浏览器访问服务器端的网页并请求相关的 Web 服务，服务器解析、处理请求后将相关的文件或查询、计算结果返回给浏览器进行渲染和显示。根据客户端和服务器端的负载，WebGIS 可分为瘦客户端、胖客户端以及负载均衡的客户端三种服务器模式（胡海棠等，2003）。基于 Web 的三维 GIS 应用程序，在三维场景渲染、模型数据网络传输等方面与二维 WebGIS 有很多不同。关于瘦客户端、胖客户端架构在三维 WebGIS 中的特点比较见表 6-1。

表 6-1   瘦客户端和胖客户端架构在三维 WebGIS 中的特点比较

比较指标	瘦客户端	胖客户端
三维渲染	服务器端渲染	客户端渲染
结果质量	取决于服务器硬件性能	取决于客户端硬件性能
传输内容	图像	模型数据
带宽要求	取决于图像大小和格式	取决于模型大小和数量
跨平台性	好，Web 浏览器均可，不需要插件	相对较差，需要插件或嵌入式应用程序
数据安全性	安全，智能获取渲染后的图片	数据缓存在客户端

在瘦客户端架构中，三维场景渲染工作主要在服务器端完成。浏览器向服务器发送一个包含用户当前视点、方向和光照等参数的渲染请求，服务器根据请求参数进行三维场景渲染并把渲染后的图片传回浏览器进行显示。在该架构下的三维 WebGIS 应用中，可跨平台支持用户通过各种终端设备的 Web 浏览器查看渲染后的图片，且对终端设备的硬件性能要求较低。同时，模型存储于服务器端，用户无须下载模型数据，数据安全性高，理论上可以支持无限大的模型（金平等，2006）。但瘦客户端框架对服务器硬件性能的要求较高，用户在浏览器端每进行一次"视景"更新，都需要请求服务器实时生成一个新的图片。在此模式下，当并发用户数量较大时，服务器负载的不断加大对渲染的实时性和系统的稳定性都会有一定影响（谭庆全等，2008）。此外，浏览器端的交互性较弱，用户只能以图片的形式查看三维场景。

在胖客户端架构中，浏览器往往通过插件或嵌入式应用程序（如 Java Applet）调用 OpenGL 或 Direct3D 实现 3D 硬件加速，进行三维场景的实时渲染和交互。服务器端接收客户端请求后，通过查询或计算输出满足网络三维数据交换格式（X3D、VRML 等）的数据并传输给浏览器，由浏览器的插件负责数据解析、模型组织和渲染。该架构对终端设备的硬件性能、插件的跨平台性有一定要求，并且由于模型数据需要下载，对数据安全性和网络带宽的要求也较高。在这种架构下，模型在浏览器端进行渲染，服务器端压力相对减小，架构支持用户在浏览器端进行简单的计算和分析，具有较强的交互性。

本书针对网络环境下泥石流时空过程模拟与可视化的需求，通过合理分配客户端与服务器间的功能模块，力求实现客户端和服务器负载均衡，并达到最佳的性能，基于 B/S 的系统总体框架如图 6-3 所示。

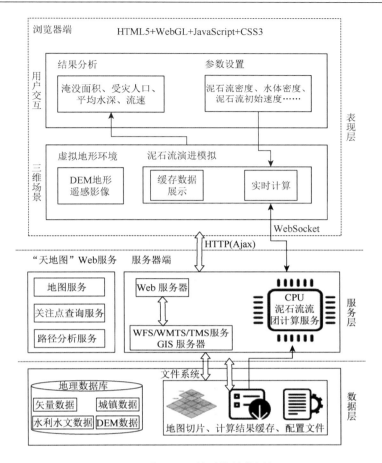

图 6-3　基于 B/S 的系统总体框架

6.3　服务器端泥石流计算模型优化

在泥石流灾害数值模拟方面，许多研究学者主要采用 GIS 支持的数值方程来构建一维或二维模型，对泥石流灾害演进过程进行模拟与空间分析（Wang et al.，2008；Ouyang et al.，2015）。当涉及大尺度时空过程模拟时，运算时间将会随着数据量、数据的空间分辨率、运算过程复杂程度的增加而增加，导致模型的计算效率降低。近年来，随着计算机 GPU 性能的提升，其可编程性和计算性能都得到极大提高，能够支持更复杂的运算。因此，有必要将并行计算模式引入泥石流灾害数值模拟中，以突破计算模式的限制（Sanders et al.，2010；Dai et al.，2014）。目前已有一些基于并行计算的泥石流灾害数值模拟研究，主要包括基于 Socket 的分布式并行计算（杨升和管群，2011）、基于 CUDA（compute unified device architecture）平台的并行计算（杨夫坤等，2011）、基于 OpenMP 的多核并行计算（Huang et al.，2008；Oliverio et al.，2011）。基于 OpenMP 的多核并行计算由于具有简单易执行、移植性好、跨平台能力强等优点而得到广泛应用（邹贤才等，2010；Amritkar et al.，2012）。本书采用流团模型，基于 OpenMP 多核并行计算对泥石流灾害的时空过程进行模拟优化，以减少用户等待时间，提升用户体验。服务器端 CPU、GPU 协同的泥石流灾害计算框架如图 6-4 所示。

在该框架中，主机端（即 CPU）负责泥石流模拟算法的总体流程控制、主机端和设备端的内存分配与管理以及 GPU 并行计算任务的管理。而 GPU 则通过数据映射，将模拟信息映射到格网中。格网包含多个线程块（block），每个线程块由多个线程（thread）组成，最终将一个线程与二维网格数组中的一个网格相对应，并进行该网格的计算操作。具体计算流程如下。

（1）输入 DEM 数据、糙率、溃口参数等。

（2）在 CPU 内存中初始化相关数据。

（3）分配显存的全局内存，并将数据从主机端内存拷贝到显存中。

（4）循环进行泥石流灾害演进过程模拟计算。CPU 端的串行任务主要计算流量过程曲线、泥石流的流量和水位，并将计算得到的结果映射到 GPU 端的显存中。然后，GPU 端通过调用内核（kernel）函数在线程上并行计算每个网格的泥深、流速、淤埋范围等，各线程上执行的计算通过调用函数实现线程同步。

（5）循环结束后，GPU 将计算结果传回 CPU 端，CPU 负责释放显存空间。

（6）将计算结果输出为 JSON 格式并保存在服务器端或通过 WebSocket 实时传输到浏览器端。

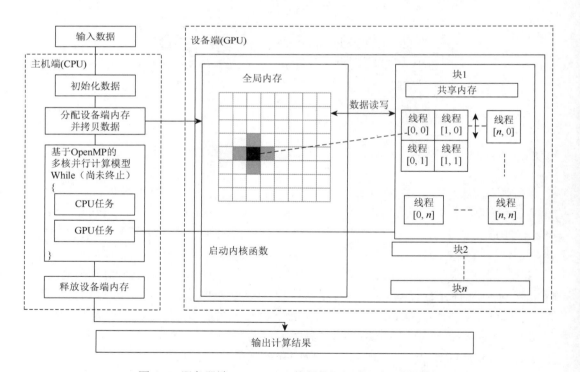

图 6-4　服务器端 CPU、GPU 协同的泥石流灾害计算框架

6.4　客户端泥石流演进模拟与可视化分析

6.4.1　用户终端分析

WebGIS 的用户终端种类已从个人电脑发展为多样化移动终端（如笔记本电脑、智能手机和平板电脑等）。根据参考文献（张开敏，2012；屠卫平，2013）所述，本节从以下几方面对多样化用户终端进行对比分析。

1. 硬件性能

移动设备，尤其是智能手机和平板电脑，虽然其 CPU、GPU 的性能不断提升，架构设计也不断优化，但由于功耗、内存、带宽的限制，其计算能力总体上弱于个人电脑。

2. 操作系统

个人电脑用户终端桌面操作系统以微软公司的 Windows 和苹果公司的 MAC 操作系统为主，智能手机和平板电脑以谷歌公司的 Android、苹果公司的 iOS、微软公司的 Windows 操作系统为主。为了实现 Web 的跨平台应用，Web 浏览器内核在 Web 的兼容性、渲染引擎和 JS 引擎的性能上都进行了优化。由于 Web 浏览器对网页代码的解析是标准的，Web 应用的开发者无须关注系统平台，使用标准的 Web 开发技术便可构建跨平台的 Web 应用（屠卫平，2013）。

3. 屏幕尺寸

目前，市场上主流移动设备的屏幕尺寸如下：智能手机的屏幕尺寸为 5～6 英寸[①]；平板电脑的屏幕尺寸为 7.9～10.6 英寸；笔记本电脑的屏幕尺寸多为 14～17 英寸。同时，屏幕分辨率也呈现多样化，此外移动设备还具有横屏与竖屏可相互切换的功能。这些特点要求 Web 应用的界面具有弹性，能够自动适应多种尺寸的屏幕，进行 Web 页面的合理布局（马璇，2013）。

4. 人机交互方式

个人电脑和笔记本电脑的用户多采用键盘和鼠标作为输入设备进行 Web 应用的人机交互，而智能手机和平板电脑的用户则以多点触控技术为基础，通过触控的方式与屏幕进行交互。与鼠标和键盘相比，触控操作方式的操作精确度、文字输入能力和效率均较低，但基于手势操作的触控交互方式具有更加自然、多样化、人性化的特点。由此，针对不同的用户终端，合理的人机交互设计能增强 Web 应用的易用性和提升用户体验。

5. 网络环境

个人电脑一般通过有线宽带接入网络，网络数据传输相对稳定。移动设备采用无线

———————————

① 1 英寸 = 2.54cm。

通信技术接入互联网。无线网络速度也在随着技术的发展而不断提升，目前已普及的 4G 网络理论上可提供 100Mbps 的数据传输速度，5G 网络理论上可提供高达 20Gbps 的数据传输速度，比 4G 网络的数据传输速度快 10 倍以上。然而，无线通信网络受天气条件、周围环境、基站距离等因素的影响，其实际速度往往低于理论速度。因此，移动平台上的 Web 应用需尽量减小网络数据的传输量。

综上所述，由于多样化用户终端在硬件性能、操作系统、屏幕尺寸、人机交互方式和网络环境上存在诸多差异，同时考虑到三维 WebGIS 在客户端渲染、网络传输以及交互操作等方面的特点，在面向多样化用户终端进行泥石流时空过程模拟与可视化系统研发时，一方面需要针对多样化用户终端进行响应式的用户界面设计，以满足不同用户的应用需求；另一方面需要对泥石流计算结果数据进行简化，在保证一定精度的条件下，尽量减少网络传输的数据和数据传输时间，提高不同终端设备的三维图形渲染性能。

6.4.2 客户端界面与人机交互设计

根据上述分析的各种用户终端的特点，本书将用户界面分为桌面端界面和移动端界面两类。由于个人电脑和笔记本电脑在屏幕尺寸、人机交互方式上区别不大，并都通过桌面浏览器访问 Web 网页，所以将其用户界面归为桌面端界面，而智能手机和平板电脑的用户界面则归为移动端界面。

分析不同终端上泥石流时空过程模拟与可视化的需求和特点可知，在泥石流动态演进持续进行的过程中，用户在界面上关注的灾害区域随着泥石流淹没范围的扩大而扩大。因此，无论设备的屏幕为什么尺寸，在满足功能需求的情况下，都应尽可能地使三维地图展示区域的面积最大，以向用户提供更多的有效信息。

1. 桌面端界面与人机交互设计

桌面浏览器版的 Web 界面其设计应充分利用个人电脑和笔记本电脑屏幕尺寸较大的优势，在遵循简洁性、易用性、一致性等原则的基础上，集成较丰富的功能，并按功能模块对界面进行合理的划分和布局，尽可能地增加地图的显示区域，本书设计的桌面浏览器版 Web 界面原型如图 6-5 所示。

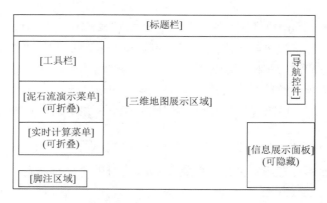

图 6-5 桌面端 Web 应用设计界面

　　界面布局整体上分为两部分，除标题栏显示应用主题外，其余部分均为三维地图展示区域。以功能模块划分的各类菜单和面板均悬浮于地图展示区域之上，一些菜单和面板使用可折叠或可隐藏的动态交互效果，以减少对地图展示区域的遮挡。通过设置地图展示区、信息显示区、操作菜单的大小和位置，使界面的各要素围绕视觉中心平衡分布，以突出地图可视化和交互区域，集中用户的注意力。其中，工具栏提供关于 Web 应用的简单操作提示和定位灾害区域按钮、恢复初始化场景按钮以及控制信息面板是否隐藏的单选框。在泥石流演示菜单中，可通过泥石流演进播放器[图 6-6（a）]来启动、暂停、终止泥石流演进过程，还可在暂停时查看上一帧和下一帧演进结果。由于桌面浏览器用户使用的个人电脑和笔记本电脑屏幕尺寸较大，并采用鼠标和键盘进行三维场景的交互和信息输入，具有操作精度高、数据输入方便的优势，因此，在用户界面中加入面向专家用户的实时计算模块，专家用户登录后可对溃坝泥石流初始化参数进行设置，以提交至服务器进行实时计算[图 6-6（b）和图 6-6（c）]。在泥石流演进过程中，用户可根据需要随时切换信息面板（可隐藏），以查看演进过程中的具体参数变化。脚注区域则用来显示当前视点下的经纬度和高程信息。

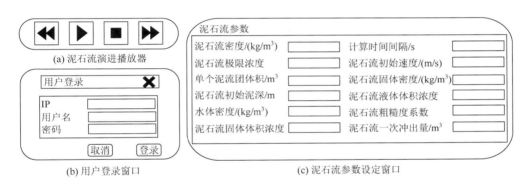

图 6-6　泥石流演进播放器及用户登录、参数设置窗口界面设计

2. 移动端界面与人机交互设计

　　在进行智能手机和平板电脑的移动浏览器版 Web 应用界面设计时，主要的困难在于设备屏幕较小。因此，相对于桌面端的 Web 应用，移动端 Web 应用界面元素的设计应尽量简洁，使用户获得尽可能大的地图操作空间。由于移动设备屏幕显示具有方向性，绝大多数智能手机和平板电脑的屏幕具有旋转感应功能，因此，需要针对不同的屏幕显示方向进行相应的 Web 界面设计和布局。此外，使用智能手机和平板电脑的用户群体具有用户数量多、结构特征（如年龄、职业、教育程度）复杂的特点，因此移动端界面的设计和交互操作应更加简单、易懂，以满足能面向普通公众发布泥石流灾害信息的需求。结合文献（刘芳，2011；晏晓红，2013）提出的移动网络地图界面设计原则，移动端浏览器 Web 应用界面设计如图 6-7 所示。

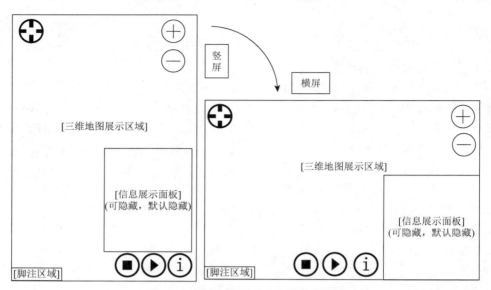

图 6-7　移动端浏览器 Web 应用界面设计

为了在较小的屏幕上使地图可视化与交互区域最大化，界面将地图展示区域铺满浏览器窗口，其余元素均悬浮于地图上方，并对屏幕显示方向进行响应式的页面布局调整。相较于桌面端 Web 应用，面向社会公众的移动端 Web 应用在泥石流演进功能模块上做了简化，只进行缓存数据的动态展示，以面向公众发布泥石流灾害信息。在界面元素设计上，采用意义明确、形象简洁的图标作为按钮，以在节省屏幕空间的同时，便于用户快速理解图标的含义，指导用户进行交互操作。此外，主要功能模块的图标排列在屏幕的右下侧或底部居中位置，以适应大多数用户用右手操作的习惯。

在三维地图交互方面，智能手机和平板电脑的触控操作方式可使用户获得自然的交互体验。在手势与虚拟三维场景操作任务的映射设计中，应使手势的设计尽量与用户认知中的直觉反馈吻合，手势与操作任务必须一一对应、没有歧义，使用尽可能简单的手势和操作流程完成交互任务（姚圭，2012）。根据以上原则，本书将用户常用的手势与虚拟三维场景中的操作任务相映射（表 6-2），使普通用户能够快速准确地使用手势进行操作。

表 6-2　手势与三维场景操作任务映射设计

手势操作	操作任务	图例
单指拖曳	移动场景视角	
双指展开	放大场景	
双指捏合	缩小场景	
旋转	调整场景俯仰角（顺时针旋转，向下俯视；逆时针旋转，向上仰视）	

6.4.3　可视化服务发布与交互展示分析

为了实现网络环境下泥石流灾害演进模拟与分析，客户端与服务器端需要具有良好的通信功能，即客户端能将相关模拟参数快速地传输至服务器端开展数值模拟计算，服务器端能将泥石流灾害模拟计算结果数据实时地传输至客户端进行可视化展示。由此，用户可以直观地观察泥石流灾害演进过程，并实时进行交互查询与分析，得到实时泥深、实时流速、淤埋范围，以及不同风险等级下受灾人口、受灾道路、受灾居民地等详细灾情信息。

1. 可视化服务发布

本书将泥石流灾害三维动态可视化服务分为静态数据可视化展示服务和实时计算数据可视化展示服务。静态数据可视化展示服务主要是为普通用户设计的，即预先选择典型案例区域进行泥石流灾害演进过程模拟计算与空间分析，并将结果存储在服务器端进行网络发布，用户在客户端通过访问服务器端口即可实现对泥石流灾害演进过程的浏览与分析。这种方案能够为公众提供泥石流灾害的科普知识，为政府制定应急预案提供参考依据。实时计算数据可视化展示服务主要是为专家用户设计的，能够支持不同情景下的泥石流灾害演进过程模拟与空间分析，专家用户需要在客户端输入泥石流灾害相关模拟参数（如泥石流密度、水体密度、泥石流固体密度、泥石流初始流速、泥石流颗粒级配、泥石流初始泥深、泥石流固体浓度、泥石流液体浓度等），并将这些参数实时地传输至服务器端进行泥石流灾害演进过程模拟计算，随后服务器将不同时刻的计算结果实时地传输至浏览器端进行三维动态可视化展示。

1）静态数据可视化展示服务

将泥石流灾害模拟计算结果存储在服务器端并进行网络发布，当用户在客户端访问服务器端口并进行数据请求时，服务器依次将相应区域不同时刻的计算结果数据文件传输至客户端进行解析、渲染和可视化展示，如图 6-8 所示。基于 HTML5 的 Web Worker 的特性，利用 Worker 子线程让客户端向服务器请求加载数据，使得其与客户端用户界面渲染主线程相互分离，这样便可以在很大程度上降低主线程的负载。当用户在客户端界面上进行泥石流灾害演进过程的交互操作时，控制由主线程启动和终止的 Worker

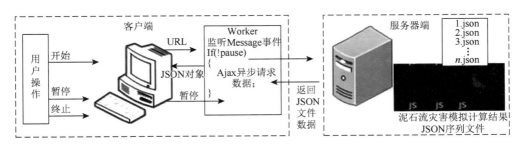

图 6-8　静态数据可视化展示服务流程

进行请求与传输，以满足用户查看泥石流灾害演进过程的需求。当用户点击"开始"时，主线程启动 Worker，此时主线程负责向 Worker 发送消息，Worker 负责监听主线程的消息并与服务器通信，同时异步请求 JSON 数据，并接收返回的数据以用于可视化渲染。当用户进行"暂停"或"终止"操作时，主线程终止 Worker，停止或结束绘制。

2）实时计算数据可视化展示服务

当用户在客户端提交泥石流灾害模型相关计算参数后，本书依据 WebSocket 通信协议将这些模型参数传输至服务器端，并将计算结果实时地返回至客户端进行解析与渲染，如图 6-9 所示。当用户输入 Socket 服务器的 URL 并提交后，客户端就会立即创建一个 WebSocket 实例并通过 onOpen()方法建立与远程服务器的连接。当用户在客户端对泥石流灾害模型相关计算参数进行输入并提交后，通过调用 send()方法向服务器端传输泥石流灾害模型计算参数并进行初始化工作。当用户在客户端点击"开始""暂停""终止"按钮时，客户端将会通过 send()方法向服务器端发送消息，控制泥石流灾害数值模拟计算线程。与此同时，客户端将会通过 onMessage 事件来监听服务器端返回的计算结果数据并进行加载与可视化、渲染。当泥石流灾害数值模拟计算结束时，关闭网络连接，从而完成客户端泥石流灾害实时计算与三维动态可视化展示。

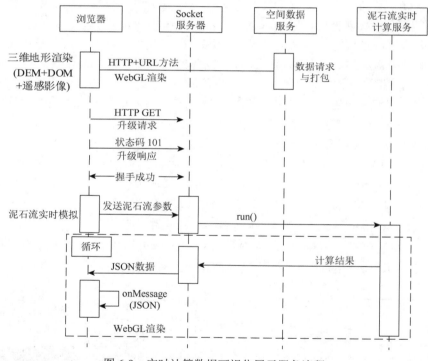

图 6-9　实时计算数据可视化展示服务流程

2. 交互展示分析

可视化虽然可以让用户直观地了解泥石流灾情信息，但是无法定量地对泥石流灾害进行分析，因此系统应提供交互控制与查询功能，使用户能够实时地设置相关参数，并动态地获取泥石流灾害演进过程相关信息，包括淤埋面积，实时流速和实时泥深，受灾范围、受灾道路、受灾人口、受灾居民地和受灾程度等。

1）淤埋面积

基于泥石流流团模型可以输出各个时刻的泥深计算结果文件，通过统计每个时刻有泥深格网个数即可得出实时淤埋面积，通过点击鼠标即可获取不同时刻的泥石流灾害淤埋面积。

2）实时流速和实时泥深

每个格网的流速可以利用格网中所有流团颗粒在 x 方向、y 方向上的速度求出，每个格网的实时泥深可以根据格网中的流团个数计算，用户通过点击鼠标即可获取当前位置的实时流速与实时泥深。

3）受灾范围、受灾道路、受灾人口、受灾居民地和受灾程度

可以通过与泥石流灾害淤埋面积进行叠加，分析得到受灾范围、受灾道路以及受灾居民地信息，其中受灾人口可以通过泥石流灾害淤埋面积与受灾区域格网化后的人口数据得到，受灾程度利用泥石流灾害风险评估模型计算得到，并将受灾区域的受灾程度划分为不同等级，采用如图 5-29 所示的颜色进行可视化展示。

用户动态控制与交互可视化分析具体流程如图 6-10 所示。首先，用户可以根据视点要求的细节层次快速地构建灾前和灾后泥石流灾害虚拟地形场景，以便于在最短时间内对受灾情况有初步的认知。其次，用户可以通过设置不同情景下的模拟参数进行泥石流灾害演进过程模拟，输出不同时刻的计算结果文件，还可以通过交互查询的方式实时地获取淤埋面积、实时泥深、实时流速等信息。最后，进行风险评估后受灾区域的道路、居民地、公共基础设施等专题数据采用 GeoJSON 格式进行重新组织与传输，用户在客户端可以快速查询受灾区域的受灾程度、受灾人口、受灾居民地、受灾道路等灾情信息。

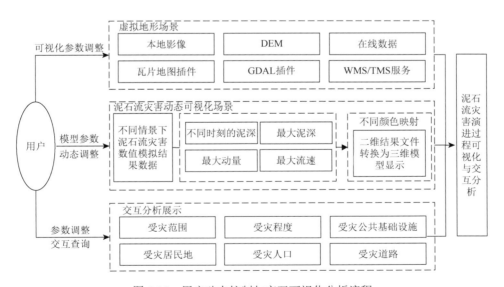

图 6-10　用户动态控制与交互可视化分析流程

参 考 文 献

胡海棠，朱欣焰，朱庆，2003. 基于 Web 的 3 维地理信息发布的研究和实现[J]. 测绘通报（3）：27-30.

金平，张海东，齐越，等，2006. 基于远程渲染的三维模型发布系统[J]. 北京航空航天大学学报，32（3）：337-341.

李丹，黎夏，刘小平，等，2012. GPU-CA 模型及大尺度土地利用变化模拟[J]. 科学通报，57（11）：959-969.

刘芳，2011. 网络地图设计的理论与方法研究[D]. 郑州：解放军信息工程大学.

刘树坤，李小佩，李士功，等，1991. 小清河分洪区洪水演进的数值模拟[J]. 水科学进展，2（3）：188-193.

栾绍鹏，朱长青，2006. 基于 Ajax 的 WebGIS 开发新模式[J]. 测绘工程，15（6）：30-33.

马璇，2013. 智能移动终端自适应界面的一致性研究[D]. 北京：北京邮电大学.

谭庆全，刘群，毕建涛，等，2008. 瘦客户端 WebGIS 实现模式的性能仿真测试与分析[J]. 计算机应用研究，25（10）：3145-3147.

屠卫平，2013. 基于 PhoneGap 的跨平台移动 GIS 应用研究[D]. 上海：华东师范大学.

王金宏，2014. 基于 GPU-CA 模型的溃坝洪水实时模拟与分析[D]. 成都：西南交通大学.

温照松，易仁伟，姚寒冰，2012. 基于 WebSocket 的实时 Web 应用解决方案[J]. 电脑知识与技术，8（16）：3826-3828.

晏晓红，2012. 基于 ArcIMS 的深圳市测绘公众服务地理信息系统设计与实现[J]. 城市勘测（2）：20-23.

杨夫坤，管群，张志国，等，2010. 基于 Socket 分布式计算的泥石流危险性分区系统[J]. 计算机工程与设计，31（22）：4909-4912.

杨升，管群，2011. 基于 CUDA 的泥石流模拟计算研究[J]. 计算机工程与设计，32（12）：4231- 4236.

杨文婷，2012. 基于 HTTP 长连接的消息推送平台的研究与实现[D]. 武汉：华中科技大学.

姚垚，2012. 基于多点触控平台的三维可视化系统交互设计与评价研究[D]. 郑州：解放军信息工程大学.

易仁伟，2013. 基于 WebSocket 的实时 Web 应用的研究[D]. 武汉：武汉理工大学.

张开敏，2012. 移动 Web 浏览系统的若干关键技术研究[D]. 合肥：中国科学技术大学.

张翔，2015. 基于 WebGIS 的多样化终端洪水时空过程模拟与可视化[D]. 成都：西南交通大学.

朱丽萍，李洪奇，杜萌萌，等，2014. 基于 WebGL 的三维 WebGIS 场景实现[J]. 计算机工程与设计，35（10）：3645-3650.

邹贤才，李建成，汪海洪，等，2010. OpenMP 并行计算在卫星重力数据处理中的应用[J]. 测绘学报，39（6）：636-641.

Amritkar A，Tafti D，Liu R，et al.，2012. OpenMP parallelism for fluid and fluid-particulate systems[J]. Parallel Computing，38（9）：501-517.

Dai Z L，Huang Y，Cheng H L，et al.，2014. 3D numerical modeling using smoothed particle hydrodynamics of flow-like landslide propagation triggered by the 2008 Wenchuan earthquake[J]. Engineering Geology，180：21-33.

Ferrando N，Gosálvez M A，Cerdá J，2011. Octree-based，GPU implementation of a continuous cellular automaton for the simulation of complex，evolving surfaces[J]. Computer Physics Communications，182（3）：628-640.

Garrett J J，2005. Ajax: a new approach to web applications[EB/OL]. http://www.adaptivepath.com/ideas/ajax-new-approach-web-applications.

Gobron S，Devillard F，Heit B，2007. Retina simulation using cellular automata and GPU programming[J]. Machine Vision and Applications，18（6）：331-342.

Huang P，Zhang X，Ma S，et al.，2008. Shared memory OpenMP parallelization of explicit MPM and its application to hypervelocity impact[J]. CMES: Computer Modelling in Engineering and Sciences，38（2）：119-148.

Khronos Group，2012. WebGL specification[EB/OL]. https://www.khronos.org/registry/webgl/specs/1.0.

Li Y，Gong J H，Zhu J，et al.，2012. Efficient dam break flood simulation methods for developing a preliminary evacuation plan after the Wenchuan Earthquake[J]. Natural Hazards and Earth System Science，12（149）：97-106.

Li Y，Gong J H，Zhu J，et al.，2013. Spatiotemporal simulation and risk analysis of dam-break flooding based on cellular automata[J]. International Journal of Geographical Information Science，27（10）：2043-2059.

Oliverio M，Spataro W，D'Ambrosio D，et al.，2011. OpenMP parallelization of the SCIARA Cellular Automata lava flow model: performance analysis on shared-memory computers[J]. Procedia Computer Science，4：271-280.

Ouyang C J，He S M，Tang C，2015. Numerical analysis of dynamics of debris flow over erodible beds in Wenchuan earthquake-induced area[J]. Engineering Geology，194：62-72.

Pimentel V，Nickerson B G，2012. Communicating and displaying real-time data with WebSocket[J]. IEEE Internet Computing，IEEE，16（4）：45-53.

Sanders J，Kandrot E，2010. CUDA by example：an introduction to general-purpose GPU programming[M]. New Jersey：Addison-Wesley Professional.

Wang C，Li S，Esaki T，2008. GIS-based two-dimensional numerical simulation of rainfall-induced debris flow[J]. Natural Hazards and Earth System Science，8（73）：47-58.

第7章 原型系统研发与案例应用

为了验证本书提出的泥石流灾害快速风险评估、灾害模拟并行优化、虚拟地理场景建模、灾害过程可视化与增强表达以及灾害演进模拟与可视化分析等技术方法的可行性与有效性，本书选择四川省汶川县七盘沟与水磨镇泥石流灾害作为案例对象，研发了原型系统，并针对前面章节提出的关键技术方法，深入地开展案例实验分析。实验结果表明，本书提出的泥石流灾害时空过程模拟与可视化分析方法能够实现对泥石流灾害整体风险性的快速判定与精细化评估，同时能够实现对泥石流灾害全过程的动态增强表达，在降低泥石流灾害建模难度的同时，显著提升了灾害信息的传递效率。

7.1 案例区域与数据处理

7.1.1 案例区域介绍

受 "5·12" 汶川地震影响，四川汶川地区成为泥石流灾害多发和频发区域（Huang and Li，2009）。本书选择两个泥石流灾害案例区域开展实验分析，它们分别位于四川省汶川县七盘沟（30°45′N～31°43′N，102°51′E～103°44′E）和四川省汶川县水磨镇（30°55′N～30°58′N，103°22′E～103°25′E）。

七盘沟位于四川省汶川县七盘沟村，距离汶川县城 7km。七盘沟主沟长 15km，大小支沟 8 条，流域面积为 54.2km²，流域海拔为 1320～4360m。流域内主要岩性为花岗岩和碳酸岩，受 2008 年 "5·12" 汶川地震的影响，岩体崩解，坡积物滑落，这进一步增加了沟道内的松散堆积物，在极端降雨作用下极易产生泥石流（殷爱生和夏承斋，2014；Zhu et al.，2015a）。水磨镇距离汶川县城 73km，主沟呈树叶状，长度大约为 6.36km，流域面积为 7.5km²，流域海拔高差超过 1000m。主沟的相对大高差是诱发泥石流灾害的重要影响因子（曾超等，2014；许福来，2017；尹灵芝，2018）。

历史上两地都曾发生过多次泥石流灾害。2013 年 7 月 11 日晚，连续强降雨造成七盘沟暴发大规模泥石流灾害，15 人遇难，2000 余人受灾，破坏房屋 900 多间，经济损失高达 1800 万元。2019 年 8 月 20 日，四川省汶川县累计降水量最大达到 65mm，全县多个区域发出山洪预警并发生了泥石流灾害，其中三江镇、水磨镇、银杏乡等地受灾严重，共造成 12 人遇难，26 人失联（曾超等，2014；Zhu et al.，2015b）。

7.1.2 数据处理

1. 遥感影像和 DEM 数据处理

首先将收集到的灾害区域高分辨率无人机遥感影像进行配准、拼接、几何校正等，并将影像数据、DEM 数据在 ArcGIS 软件中进行坐标投影转换，转换为 WGS_1984_UTM_Zone_48N 坐标系统。然后在保证泥石流数值模型计算准确的基础上，将 DEM 数据重采样为几种典型格网尺度数据，用于泥石流灾害数值模拟计算实验，例如，本书分别选取 5m、10m、20m、30m 格网数据，以期得到不同情景下进行泥石流灾害模拟与可视化分析的适宜格网尺度范围。最后，为了便于数值模型对 DEM 数据进行读取，将 DEM 数据转换为 ASCII 格式并存放于指定文件夹内。

2. 粗糙度系数获取

粗糙度系数是泥石流灾害数值模拟计算中的一个重要参数，与土地利用分类关系密切，不同的土地类型，其粗糙度系数存在很大的差异。综合考虑所选择的案例区域的土地利用分类以及相关地质数据，并参考相关文献，得到淤埋区域的粗糙度系数（Yin et al.，2015）。空间分辨率为 0.5m 的案例区域，粗糙度系数分布如图 7-1 所示，其中道路的粗糙度为 0.035，水体的粗糙度为 0.040，农业用地的粗糙度为 0.060，植被的粗糙度为 0.065，居民地的粗糙度为 0.070。

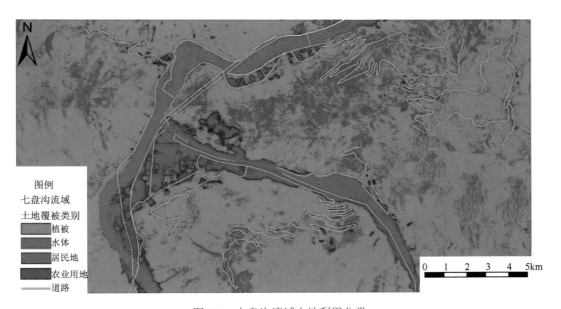

图 7-1　七盘沟流域土地利用分类

3. 溃口参数获取

基于 ArcGIS Engine 二次开发，设计泥石流溃口参数可视化计算界面，如图 7-2 所示。用户在界面上加载案例区域的无人机遥感影像数据以及 DEM 数据，找到溃口位置后直接在案例区域的高分辨率无人机影像上画出溃口长度，即可实现对泥石流溃口位置的格网个数、所有格网的行列号、溃口方向等参数的计算，然后将溃口计算结果以 txt 格式保存在特定的文件夹下，用于数值模型计算。

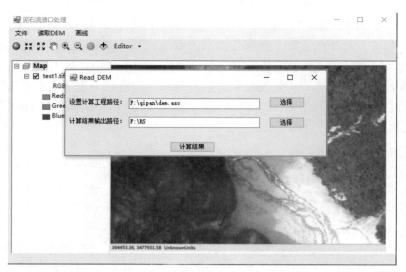

图 7-2　泥石流溃口参数可视化计算界面

7.2　原型系统研发

7.2.1　系统开发环境

1. 服务器端开发环境

泥石流灾害模拟模型并行计算基于 64 位专业版 Windows 10 系统、Microsoft Visual C ++ 2013 和 OpenMP 环境,模型计算硬件环境配置见表 7-1。本书利用 Apache 作为服务器对泥石流计算结果中的缓存数据以及 HTML 网页进行发布,受灾区域的无人机影像在 ArcGIS 服务器里通过 WMS 服务进行加载显示,道路、居民地等矢量数据转换成 GeoJSON 格式以进行可视化展示与空间分析。

表 7-1　泥石流数值模型计算硬件环境配置

硬件	详细信息
CPU	2×Intel Xeon 5-2760(40 核)
内存	64G

2. 客户端开发环境

基于 HTML5、JavaScript、CSS3 等 Web 技术,结合 WebGL 开源库 osg.js 和 Cesium 进行泥石流灾害三维动态可视化展示与分析。系统集成了天地图、谷歌地图等在线基础数据,支持矢量及栅格数据的剖分与加载。

7.2.2　系统功能界面

用户无须安装任何插件即可实现网络环境下的泥石流灾害三维可视化模拟与分析,

获得泥石流灾害淤埋范围与受灾程度等灾情信息，客户端泥石流灾害可视化界面如图 7-3 所示。

图 7-3　客户端泥石流灾害可视化界面

7.3　泥石流灾害整体性风险快速判定

7.3.1　泥石流危险性评估

在案例区域高分辨率无人机遥感影像的支持下，对各个危险性评估因子进行确定。首先在对高分辨率无人机遥感影像进行空间化处理后，提取出灾害区域的流域面积、主沟、支流、房屋以及道路信息等，并在 ArcGIS 软件中进行量算，得到流域面积、主沟长度、支流长度、淤埋面积、房屋面积以及道路长度等影响因子的数值；然后利用监督和非监督分类方法对灾害区域的土地利用进行分类；最后通过实地调研、查找研究区域的历史资料等方式，获取泥石流灾害暴发频率 C_1、一次泥石流最大冲出量 C_2、流域面积 C_3、主沟长度 C_4、流域最大相对高差 C_5、主沟弯曲度系数 C_6、岩性等级 C_7、年平均 24 小时最大降水量 C_8 和人口密度 C_9 等评估因子的值，各个危险性评估因子的值见表 7-2。参考表 7-2 中危险性评估因子的赋值对危险性参考值进行转换,得到各因子的赋值（杨秀元等，2014），用于七盘沟泥石流灾害的危险性计算。

表 7-2　七盘沟泥石流危险性评估因子值

危险性评估因子	C_1/(次/100a)	C_2/万 m³	C_3/km²	C_4/km	C_5/km	C_6	C_7	C_8/mm	C_9/(人/km²)
实际值	30%	204.0	52.0	15.7	3.1	1.3	75%	79.8	135.0
赋值	0.6	1.0	1.0	1.0	1.0	0.4	0.6	0.4	1.0

在确定泥石流灾害危险性因子并进行标准化处理后，需要对危险性因子的权重进行确定，因此，按照图 2-7 所示的泥石流灾害危险性评估层次结构构建相关判断矩阵。在参考相关文献并组织有关专家讨论的基础上，采用表 2-4 所示的 1～9 标度法，通过两两比较，确定它们的相对重要性并进行赋值，分别构建判断矩阵 A-B_i、B_i-C_i。

构建泥石流灾害危险性评估（A）与泥石流灾害发生条件（B_i）的判断矩阵，见表 7-3。

表 7-3　判断矩阵 A-B_i

A	B_1	B_2	B_3
B_1	1	3	5
B_2	1/3	1	5
B_3	1/5	1/5	1

泥石流灾害危险性评估（A）与泥石流灾害发生条件（B_i）的判断矩阵的特征向量求解结果及其一致性计算分析步骤如下：通过对表 7-3 中判断矩阵的计算，得到归一化后的特征向量为 $(W_1, W_2, W_3)^T = (0.607, 0.303, 0.09)$，最大特征根 $\lambda_{\max}^1 = 3.088$，一致性检验结果 $CI^1 = 0.044$，$CR^1 = 0.076 < 0.1$，通过一致性检验，说明该判断矩阵是合理的。

构建物源条件（B_1）与危险性因子（C_i）的判断矩阵，见表 7-4。

表 7-4　判断矩阵 B_1-C_i

B_1	C_1	C_2
C_1	1	5
C_2	1/5	1

物源条件（B_1）与危险性因子（C_i）的判断矩阵的特征向量求解结果及其一致性计算分析步骤如下：通过对表 7-4 中判断矩阵的计算，得到归一化后的特征向量为 $(W_1^1, W_2^1)^T = (0.833, 0.1667)$，当判断矩阵中矩阵阶数 $n < 3$ 时，判断矩阵在任何时候都会具有一致性，因此，无须再进行一致性检验。

构建地质地貌条件（B_2）与危险性因子（C_i）的判断矩阵，见表 7-5。

表 7-5　判断矩阵 B_2-C_i

B_2	C_3	C_4	C_5	C_6	C_7
C_3	1	1/2	1/3	1/5	1/7
C_4	2	1	1/2	1/3	1/6
C_5	3	2	1	1/3	1/5
C_6	5	3	3	1	1/3
C_7	7	6	5	3	1

地质地貌条件（B_2）与危险性因子（C_i）的判断矩阵的特征向量求解结果及其一致性计算分析步骤如下：通过对表 7-5 中判断矩阵的计算，得到归一化后的特征向量为 $(W_3^2, W_4^2, W_5^2, W_6^2, W_7^2)^T = (0.050, 0.080, 0.121, 0.242, 0.507)$，最大特征根 $\lambda_{\max}^2 = 5.239$，一致

性检验结果 $CI^2 = 0.048$，$CR^2 = 0.0427 < 0.1$，通过一致性检验，说明该判断矩阵是合理的。

构建诱发条件（B_3）与危险性因子（C_i）的判断矩阵，见表 7-6。

表 7-6　判断矩阵 B_3-C_i

B_3	C_8	C_9
C_8	1	3
C_9	1/3	1

诱发条件（B_3）与危险性因子（C_i）的判断矩阵的特征向量求解结果及其一致性计算分析步骤如下：通过对表 7-6 中判断矩阵的计算，得到归一化后的特征向量为 $(W_8^3, W_9^3)^T =$ (0.75, 0.25)。当判断矩阵中 $n < 3$ 时，判断矩阵在任何时候都具有一致性。因此，无须再进行一致性检验。

泥石流灾害各个危险性因子相对于综合指标的权重可以依据公式 $W_{ij} = W_i \times W_j^i$ 计算得到，式中 W_i 表示泥石流发生条件指标层 B 相对于综合指标层 A 的权重；W_j^i 表示泥石流灾害各个危险性因子指标层 C 相对于泥石流发生条件指标层 B 的权重，具体计算结果见表 7-7。

表 7-7　泥石流灾害危险性影响因子权重

影响因子	泥石流灾害暴发频率 C_1	一次泥石流最大冲出量 C_2	流域面积 C_3	主沟长度 C_4	流域最大相对高差 C_5	主沟弯曲度系数 C_6	岩性等级 C_7	年平均24小时最大降水量 C_8	人口密度 C_9
权重	0.506	0.101	0.015	0.024	0.037	0.073	0.023	0.154	0.067

根据表 7-7 所示的泥石流灾害危险性各个影响因子的权重，建立泥石流灾害危险性评估模型，如式（7-1）所示。

$$H = 0.506C_1 + 0.101C_2 + 0.015C_3 + 0.024C_4 + 0.037C_5$$
$$+ 0.073C_6 + 0.023C_7 + 0.154C_8 + 0.067C_9 \tag{7-1}$$

在此基础上，按照表 7-2 所示的泥石流灾害各个危险性评估因子的赋值，计算出泥石流灾害危险性为 0.652，为高度危险。

7.3.2　泥石流易损性评估

物质易损性主要考虑建筑物、道路、管线设施等损失的价值，易损性评估因子基价见表 7-8。通过查找历史文献资料以及受灾区域灾前无人机遥感影像，得到七盘沟流域的受损建筑物面积大约为 0.599km²，道路受损长度大约为 7.486km，管线设施受损长度大约为 6.174km，受灾人口大约为 4200 人（四川省统计局和国家统计局四川调查总队，2013）。由于七盘沟受灾区域土地类型主要为居民地和道路，土地利用类型的基价采用平均值，淤埋面积共约 0.742km²，得到泥石流灾害易损性为 0.740，可知该区域泥石流灾害具有高度易损性。

表 7-8 七盘沟泥石流易损性评估因子值

易损性评估因子	物质易损性			经济易损性	环境易损性	社会易损性		
	建筑物基价/(万元/m²)	道路基价/(万元/m)	管线设施基价/(万元/m)	人均总资产/(万元/人)	土地均价/(万元/m²)	65岁以上与14岁以下人口比例	小学文化水平以下人口比例	人口自然增长率/%
	300	10	63	4.8	0.015	0.293	0.43	5.86

7.3.3　泥石流整体性风险判定

将 7.3.2 节计算得到的七盘沟泥石流灾害各个风险性评估因子的值输入客户端泥石流风险性评估计算界面中,并传输至服务器端进行计算,得到七盘沟泥石流灾害的风险性为 0.482,为高度风险(图 7-4)。因此,亟须继续开展基于数值模拟的泥石流灾害精细化风险评估分析,以便于泥石流灾害应急救援方案的制定。

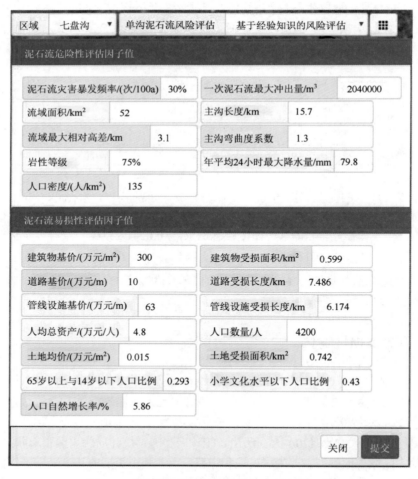

图 7-4　客户端单沟泥石流整体性风险评估界面

7.4　泥石流灾害精细化风险评估分析

7.4.1　参数设置与传输

根据不同用户的需求,本书设置了两种不同模式的泥石流灾害演进过程可视化模拟,即静态数据动态可视化和实时计算结果数据动态可视化。前者要求预先在服务器端进行泥石流灾害演进过程模拟,得到计算结果数据,并将数据通过网络进行发布,用户可在客户端进行泥石流灾害可视化浏览与分析。后者要求用户在客户端进行泥石流灾害模拟计算参数的输入,并将模拟计算参数传输至服务器端进行计算,服务器端实时将泥石流灾害模拟计算结果返回至客户端进行可视化渲染。因此,针对这两种模式,本书分别在服务器端和客户端设计了泥石流灾害模拟计算参数的可视化配置界面。

1. 服务器端参数可视化配置界面

为了便于用户进行不同区域、不同情景下的泥石流灾害演进过程数值模拟,本书设计了模拟参数的可视化配置界面,如图 7-5 所示。首先在"设置计算工程路径"后面"选择"初始参数数据所在的文件夹,包括受灾区域 DEM 数据、溃口处的初始参数数据;然后在"计算结果输出工程路径"后面"选择"存储泥石流灾害模拟计算结果的文件夹;最后输入进行泥石流灾害模拟计算的相关参数,点击"确定"后即可开展泥石流灾害演进过程模拟。

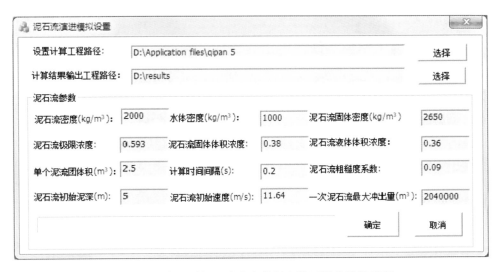

图 7-5　服务器端泥石流灾害模拟参数可视化配置界面

2. 客户端参数可视化配置界面

图 7-6 为客户端泥石流灾害模拟参数的可视化配置界面。首先用户在浏览器端对需要

进行泥石流灾害模拟的区域进行选择；然后点击"模拟参数设置"按钮即可弹出泥石流灾害模拟参数配置界面，用户可对参数进行输入，包括泥石流密度、水体密度、泥石流固体密度、极限浓度、固体体积浓度、液体体积浓度、单个泥流团体积、计算时间间隔、粗糙度系数、初始泥深、一次泥石流最大冲出量、初始速度；最后点击"提交"按钮即可将这些模拟参数传输至服务器端，并启动泥石流灾害演进过程模拟计算。

| 区域 | 七盘沟 ▼ | 单沟泥石流风险评估 | 基于数值模拟的风险评估 ▼ | ⊞ |

泥石流数值模拟参数设置

泥石流密度/(kg/m³)	2000	水体密度/(kg/m³)	1000
泥石流固体密度/(kg/m³)	2650	泥石流极限浓度	0.593
泥石流固体体积浓度	0.38	泥石流液体体积浓度	0.36
单个泥流团体积/m³	2.5	计算时间间隔/s	0.2
泥石流粗糙度系数	0.09	泥石流初始泥深/m	5
一次泥石流最大冲出量/m³	2040000	泥石流初始速度/(m/s)	11.64

关闭　　提交

图 7-6　客户端泥石流灾害模拟参数可视化配置界面

7.4.2　多格网尺度下模拟并行优化

在收集了案例区域详细的信息和数据后，在客户端设置不同格网尺度下的泥石流数值模拟计算参数并传输至服务器端，然后启动泥石流灾害数值模拟计算。为了快速地支持泥石流灾害演进过程模拟计算，将服务器端的泥石流灾害数值模型进行并行优化处理。本书选择四川省汶川县七盘沟作为案例区域，当格网尺度超过 40m 时，泥石流灾害数值模型不能用于模拟计算。因此，在此范围内重采样几种典型的格网尺度数据，将空间分辨率为 5m 的原始地形数据重采样为 10m、20m、30m 格网尺度数据，分别采用 CPU 串行计算方式和基于 OpenMP 多核并行计算方式开展泥石流灾害演进过程模拟实验，并对比不同格网尺度下泥石流灾害模拟结果的准确性。

1. 准确性分析

利用灾后无人机影像提取除河流以外的泥石流灾害实际淹没区域，将格网尺度分别为 5m、10m、20m、30m 的模拟计算结果与实际提取出来的结果数据进行对比分析，计算淹没区域的 Kappa 系数。当格网尺度分别为 5m、10m、20m、30m 时，Kappa 系数分别为 0.92、0.86、0.74、0.35。当格网尺度为 5m 时，泥石流灾害模拟结果具有最高的准确性，因此，选择格网尺度为 5m 的泥石流灾害模拟结果作为参考，对比分析其他格网尺度下模拟结果的一致性。

1）淹没范围对比

利用灾后无人机影像提取出泥石流灾害实际淹没区域，淹没面积大致为 65.73 万 m²。当格网尺度分别为 5m、10m、20m、30m 时，模拟出泥石流灾害淹没区域总面积分别为 63.51 万 m²、71.26 万 m²、69.96 万 m²、65.61 万 m²，与实际情况整体上较为接近。图 7-7 为不同格网尺度下泥石流灾害最大淤埋面积对比分析，随着格网的增大，在靠近山脉的地方，因格网尺度改变，导致边界泛化，引起淤埋区域丢失，并且格网越大，淤埋区域丢失得越厉害，而在地势起伏不大的地方，有些区域淤埋面积增加，有些区域则减少。将不同格网尺度下有泥深的格网的值设置为 1，没有泥深的格网的值设置为 0，整个区域就被划分为格网值分别为 0 和 1 两部分，分别计算 Kappa 系数。当格网尺度分别为 10m、20m 时，淹没面积与 5m 格网淹没面积的一致性分别为 0.89、0.62，当格网尺度为 30m 时，淹没面积与 5m 格网淹没面积的一致性为 0.37，因此，当格网尺度为 30m 时，淹没面积将会呈现明显的差异性。

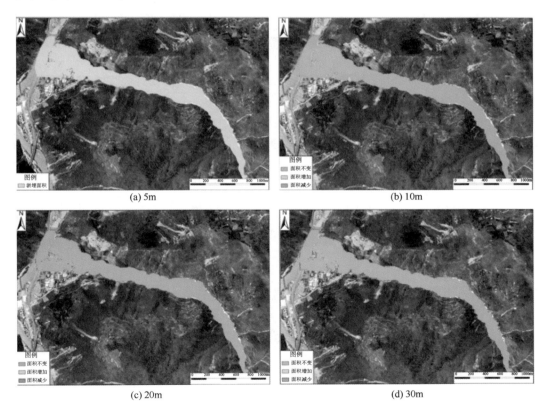

图 7-7　不同格网尺度下泥石流灾害淤埋面积空间分布

2）最大速度对比

根据曾超（2014）的野外调查数据，得到七盘沟泥石流 11 处断面的流速。图 7-8 为不同格网尺度下的泥石流最大流速空间分布，表 7-9 为不同格网尺度下的泥石流模拟横断面最大流速对比。当格网尺度分别为 5m、10m、20m 时，整体上泥石流模拟流速呈现横向递减的趋势，与真实泥石流流速变化趋势基本一致。而当格网尺度为 30m 时，模拟流速与实际流速相比有很大的误差。此外，将不同格网尺度下的最大流速分为 5 个类别，即 0m/s、0~4m/s、4~8m/s、8~12m/s、12m/s 以上，分别计算不同格网尺度下的 Kappa 系数。当格网尺度分别为 10m、20m 时，Kappa 系数分别为 0.87、0.64；当格网尺度为 30m 时，Kappa 系数为 0.25。计算结果表明，当格网尺度为 30m 时，泥石流灾害区域内的最大流速有很大误差。

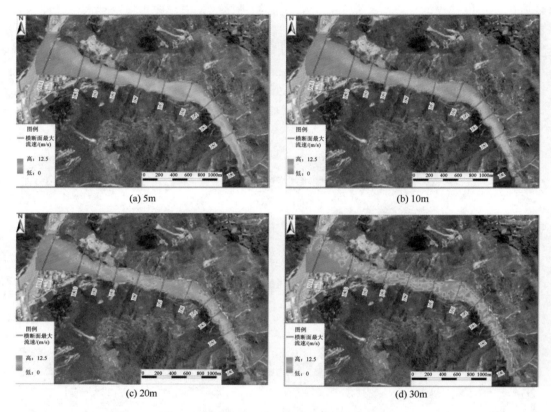

(a) 5m　　　　(b) 10m
(c) 20m　　　　(d) 30m

图 7-8　不同格网尺度下泥石流最大流速对比

注：图中 $K1$~$K11$ 为横断面。

表 7-9　不同格网尺度下泥石流模拟横断面最大流速对比

横断面	实际流速/(m/s)	5m		10m		20m		30m	
		模拟流速/(m/s)	模拟偏差/%	模拟流速/(m/s)	模拟偏差/%	模拟流速/(m/s)	模拟偏差/%	模拟流速/(m/s)	模拟偏差/%
$K1$~$K4$	7.8~11.6	7.4~11.5	3.0	8.1~12.0	3.6	8.8~12.5	10.3	11.0~12.5	24.4
$K4$~$K6$	6.2~7.8	6.2~7.3	3.2	6.1~8.3	4.0	5.2~8.2	10.6	7.0~12.3	35.3
$K6$~$K8$	4.6~7.5	4.7~7.6	1.8	5.2~7.5	6.5	5.0~8.8	13.0	4.8~12.1	32.8
$K8$~$K10$	4.1~6.6	4.0~5.5	9.6	4.6~6.5	6.9	4.4~7.2	8.2	6.3~12.1	68.5
$K10$~$K11$	0~4.3	0~4.6	3.7	0~4.7	4.9	0~4.8	6.1	0~9.8	64.5

3）最大泥深对比

本书选择七盘沟泥石流淹没范围内的 4 个参考区域进行实地调查，得到泥石流实际泥深，图 7-9 为不同格网尺度下泥石流最大泥深空间分布，表 7-10 为不同格网尺度下 4 个参考区域泥石流模拟最大泥深对比。当格网尺度分别为 5m、10m、20m 时，模拟泥深与实际泥深大体一致。而当格网尺度为 30m 时，模拟泥深与实际泥深相比有很大的误差。此外，将不同格网尺度下的最大泥深分为 5 个类别，即 0m、0～4m、4～8m、8～12m、12m 以上，分别计算不同格网尺度下的 Kappa 系数。当格网尺度分别为 10m、20m 时，Kappa 系数分别为 0.86、0.58；当格网尺度为 30m 时，Kappa 系数为 0.19。计算结果表明，当格网尺度为 30m 时，泥石流灾害区域内的最大泥深有很大的误差。

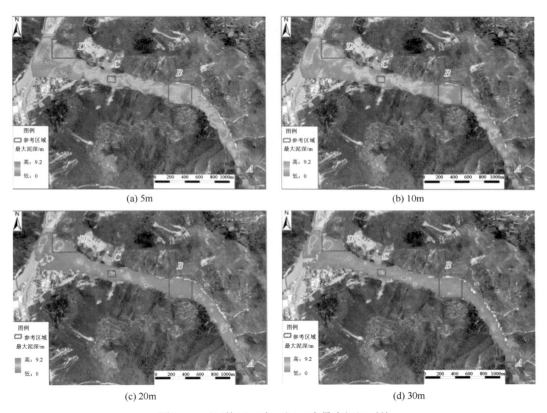

图 7-9　不同格网尺度下泥石流最大泥深对比

表 7-10　不同格网尺度下泥石流模拟最大泥深对比

参考区域	实际泥深/m	5m		10m		20m		30m	
		模拟泥深/m	模拟偏差/%	模拟泥深/m	模拟偏差/%	模拟泥深/m	模拟偏差/%	模拟泥深/m	模拟偏差/%
A	5～8	5.3～7.7	4.9	5.2～7.2	7.0	4.2～7.1	13.6	1.4～4.2	59.8
B	2～4	2.2～4.5	11.3	1.8～4.6	12.5	1.7～3.7	15.0	1.5～2.5	31.3
C	4～6	3.3～5.9	9.6	3.7～6.5	7.9	3.6～6.5	9.2	1.2～2.3	65.8
D	3～6	3.1～6.5	5.8	3.3～6.4	8.3	2.8～7.2	13.3	2.2～6.8	20.0

2. 计算性能分析

在分析并行计算性能时，分别记录 OpenMp 多核并行计算所耗费的时间以及相同条件下 CPU 串行计算的时间（表 7-11）。当格网尺度为 5m 时，泥石流灾害模拟计算在 50ms 左右完成一次，满足实时交互模拟的需求。当格网尺度为 10m 时，泥石流灾害应急模拟在 15ms 左右即可完成一次计算，满足实时模拟的要求。此外，加速比随着格网分辨率的提高而增大，格网分辨率较低时加速比较小，这是因为数据读取、输出时间与计算时间相比占较大的比例。因此，基于 OpenMP 多核并行计算的泥石流灾害模拟在数据量较大的情况下能获得更好的并行加速效果。此外，当格网尺度为 5m 时，基于 CPU 串行计算的泥石流灾害模拟计算时间为 43.07min，当格网尺度为 20m 时，基于 OpenMP 并行计算的泥石流灾害模拟计算时间为 0.29min，加速比提高了约 148 倍，极大地提高了泥石流灾害模拟计算效率。

表 7-11　CPU 串行计算与 OpenMP 多核并行计算时间对比

格网尺度/m	CPU 串行计算时间/min	OpenMP 多核并行计算时间/min	每个步长计算时间/ms	加速比
5	43.07	12.16	51	3.54
10	5.53	1.71	15	3.23
20	0.65	0.29	5	2.24
30	0.23	0.10	3	2.30

综上所述，在 OpenMP 多核并行计算技术支持下，本书开展了基于多格网尺度的泥石流灾害演进过程模拟，极大地提高了泥石流灾害模拟计算效率，为应急情景下泥石流灾害实时模拟计算提供了格网尺度选择依据。泥石流灾害模拟效率随着格网尺度的增大而提高，当格网尺度为 10m 时，泥石流灾害数值模拟计算达到应急情景下实时交互分析的要求。此外，当格网尺度分别为 5m、10m、20m 时，泥石流灾害模拟结果与实际情况大体一致，而当格网尺度为 30m 时，泥石流灾害模拟结果出现很大的误差。因此，为了满足泥石流灾害应急模拟的效率和精度，应在 5～20m 范围内选择适宜的格网用于数值模拟与分析。

7.4.3　泥石流灾害风险评估分析

在进行泥石流灾害演进过程数值模拟计算的过程中，可以直观地展示淤埋过程中最大泥深、最大流速等信息，如图 7-10 所示。受灾居民地面积可以通过将泥石流的淤埋面积与居民地区域进行叠加分析得到，受灾人口可以通过泥石流的淤埋面积与受灾区域的人口密度相乘得到，以上数据可实时地保存到文件中以用于风险评估分析。泥石流灾害风险评估主要包括危险性评估和易损性评估，首先通过动态地获取泥石流灾害演进过程中的最大泥深和最大动量来计算受灾区域泥石流灾害危险性；其次采用无人机遥感影像获取受灾区域受灾地物的类型、数量以及空间分布，同时依据四川省统计年鉴确定各地物的地价，并参考 Cui 等（2013）获得的各地物易损性系数，计算受灾区域的泥石流灾害易损性；最后通过泥石流灾害风险评估模型计算每个评估单元的风险值,并利用概率统计方法将风险性划分为三个等级,即高度风险、中度风险和低度风险,分别统计出不同风险等级下的受灾面积、受灾居民地面积以及受灾道路长度等灾情信息,如图 7-11 和表 7-12 所示。

(a) 泥石流最大泥深

(b) 泥石流最大流速

图 7-10　泥石流灾害演进过程分析

表 7-12　泥石流灾害风险评估结果统计

风险等级	淤埋面积/万 m²	受灾居民地面积/万 m²	受灾道路长度/m
低度风险	42.00	3.05	4900
中度风险	12.00	3.94	1800
高度风险	10.60	3.67	900

图例

风险等级

■ 低度风险
□ 中度风险
■ 高度风险

图 7-11　泥石流灾害风险性分区

7.5　泥石流灾害全过程动态增强表达与认识效率评价

7.5.1　泥石流灾害场景融合可视化

　　根据不同泥石流灾害对象的实例化表达方法，在原型系统平台上开展灾害场景融合建模与可视化实验。

　　首先通过数字高程模型叠加影像的方式构建真实感较强的 LOD 虚拟三维地形场景。为了逼真地表达泥石流灾害时空演进过程，以及传递灾情信息，将泥石流的可视化颜色设置为符合大众认知的灰色，并将每个时刻的泥深值与连续的灰色色带一一映射。受损建筑采用简单体块模型叠加应急预警色红、黄、绿展示，在保留符号直观性的基础上，尽可能传递更多的灾情语义信息。道路受损程度在人员疏散以及应急救援过程中扮演着十分重要的角色，因此采用红色和蓝色分别表示道路完好和损坏。对于危险设施、重要设施等，采用具备自解释性的灾害符号搭配属性信息展示其空间位置及可达性。人员疏散采用人物模型搭配疏散路径进行展示。灾害示意性符号与真实感场景协同的可视化表达不但可以使社会公众快速、直观地了解灾害危险程度，而且可以保证在缺乏数据的情况下场景的完整性，在保证绘制效率的同时有效地表达灾情信息，进而为应急管理人员提供信息支持。

　　然后在空间方位、属性类别和空间拓扑等语义约束规则引导下，实现各个灾害对象的融合，进而构建泥石流灾害三维场景。图 7-12 展示了空间语义约束下泥石流灾害场景对象融合过程，图 7-12（a）展示了基于空间方位语义约束的泥石流模拟信息融合，图 7-12（b）展示了风险建筑物非空间属性信息与场景的融合。以 WGS84 坐标系下地形格网单元的坐标值为基础，通过泥深值提取、构网、符号模型空间位置和姿态关系计算、赋值加载等过程，实现空间方位语义约束下各类灾害对象的拼接、组合和建模。属性类

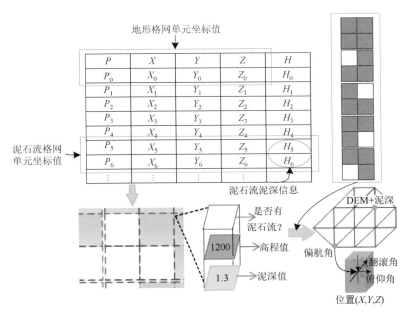

(a) 空间方位语义约束下泥石流模拟信息融合

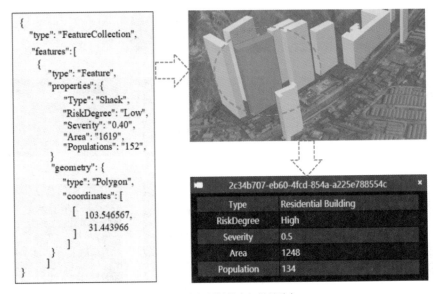

(b) 风险建筑物非空间属性信息与场景融合

图 7-12　空间语义约束下泥石流灾害场景对象融合过程

别语义约束保证了泥石流灾害信息包含的非空间灾情信息在场景中的正确表达；空间拓扑语义约束对地形表面、泥石流边界以及建筑物底部进行约束，并计算不同 LOD 地形场景下灾害模型符号所对应的高程信息，使不同瓦片层级下各个灾害对象的空间拓扑关系得到正确表达。

7.5.2　泥石流灾害全过程增强表达

　　大多数用户缺乏灾害专业背景知识，更加倾向于利用感知显著性来获取灾害信息，所以为了能够直观清晰地反映泥石流灾害全过程，同时提升用户的灾害信息感知能力，本书根据泥石流灾害发生与发展的逻辑关系，开展泥石流灾害成因、灾害过程和灾害结果全过程动态增强表达实验，如图 7-13 所示。在灾害成因可视化方面，首先从宏观层面介绍泥石流灾害发生的背景信息，例如，受地震和气候条件影响，四川成为泥石流灾害最为严重的地区之一；接着场景切换到案例区域水磨镇，通过三维场景晃动表达水磨镇遭受过三次地震的影响，导致地质结构松动，其中黄色网状区域是泥石流灾害的物源地，同时加上短期集中降水和水位上升，直接导致泥石流灾害的暴发。在灾害过程可视化方面，采用箭头符号表达演进方向，蓝色虚线表示演进路线，接着用闪动的轮廓线强调灾害的范围，同时搭配文字描述水磨镇泥石流灾害事件，然后展示泥石流灾害的时空过程，

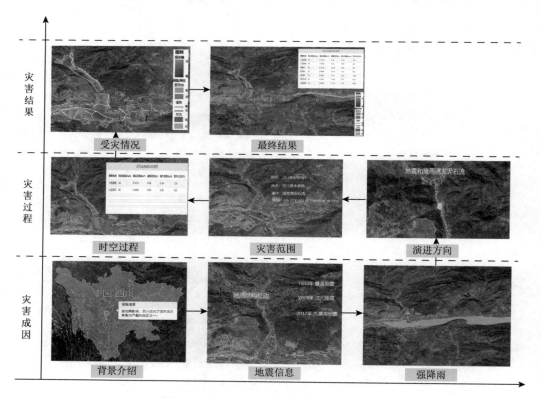

图 7-13　泥石流灾害全过程增强表达效果

采用灰色连续渐变色带从浅至深——映射泥深值，同时动态呈现泥石流到达时间、淹没范围、最大流速等信息。在灾害结果可视化方面，河道淹没区域采用灰色，未淹没区域用蓝色表示，同时对受损等级高的房屋和道路进行高亮显示，以吸引公众的注意力。学校、医院、火电厂和加油站等设施，采用自解释性符号搭配文字展示其空间位置和可达性。此外，更加详细的泥石流灾害全过程增强表达结果采用视频的方式呈现，请见https://www.bilibili.com/video/BV1iz411B7xE。

通过因果逻辑和上下文联想的方式对泥石流灾害全过程进行串联，在一定程度上能够加深用户对泥石流灾害的理解和认识，采用静态视觉变量和动态视觉变量联合的方式对灾害对象进行闪烁、高亮和强调显示，能够增强场景对象语义信息、吸引用户的注意力和提升用户的灾害风险认知能力。

为了突出增强表达方法的创新性和优势，将本书所述的增强表达方法与其他灾害信息表达方法进行对比分析（表 7-13）。结果表明，本书所述的增强表达方法具有场景内容丰富、表达效果好、可读性高以及支持灾害全过程动态展示等优势。

表 7-13 增强表达方法优势对比

分析指标	增强表达	文字	图片	视频	静态地图 + 文字	动态地图 + 文字
信息密度	高	高	低	高	中	高
语义信息	详细	简单	简单	简单	简单	简单
直观性	高	低	中	高	中	中
可读性	高	低	中	中	中	中
可视化效果	好	差	差	中	中	中
全过程表达	支持	不支持	不支持	支持	不支持	不支持

7.5.3 泥石流灾害场景认知效率评价

为了测试对灾害场景增强表达的认知效率，本书将泥石流灾害增强表达结果输出为时长 76s 的视频文件，同时参考灾害应急方案将可视化内容总结为一份有 225 字左右的文字报告，这两份材料均包含了泥石流灾害的成因、过程和结果等信息，将其作为认知对比实验材料，如图 7-14 所示。

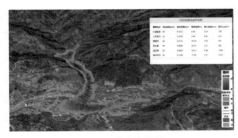

2019年8月20日0时至7时，四川省汶川县水磨镇发生特大泥石流灾害。泥石流沿着山王庙沟和牛塘沟向下高速运动，沿途铲刮坡面原有松散堆积物，淹没面积不断增大，泥石流不断向两侧扩散，直至在下游淹没河道。受叠溪地震、汶川地震和九寨沟地震的影响，该区域地质结构松动并形成大量的松散物源，同时由于短期集中降水，导致泥石流灾害暴发。此次泥石流灾害导致国道213、国道317、国道350及嶝三公路中断，造成3人死亡，3人失踪，紧急疏散上千人，掩埋及损毁房屋百余栋，经济损失达上亿元。

(a) 泥石流灾害视频   (b) 泥石流灾害文字报告

图 7-14 泥石流灾害动画与文字报告

1. 实验方案设计

实验随机挑选 168 名参与者，尽可能覆盖不同年龄阶段和文化背景的用户。参与者被随机分成两组，其中 72 名参与者观看泥石流灾害动画，称为动画组；剩余的 96 名参与者阅读泥石流灾害文字报告，称为报告组。

参与者在不知道场景内容的前提下，首先查看对应的实验材料，查看结束后回答下列预设问题，同时记录答题时间和准确率。

（1）灾害所在区域一共发生过几次地震？

（2）泥石流灾害发生在哪个镇？

（3）泥石流灾害的大致过程？

（请排序：①集中降水；②地质结构松动；③泥石流演进过程；④地震）

（4）该实验材料能够清晰描述泥石流灾害过程吗？

（①非常清晰；②清晰；③正常；④不清晰；⑤非常不清晰）

2. 分析指标

本书采用准确度和完成时间两个指标来评价参与者认知实验结果（表 7-14）。其中，准确度反映灾害信息传递有效性，完成时间反映短时记忆过程中参与者回顾灾害信息的能力。

表 7-14　增强表达分析指标

指标	描述
准确度	回答预设问题的平均准确度
完成时间	回答预设问题所耗费的平均时间

3. 实验结果分析

由于动画组和报告组的样本数据不遵循正态分布规则，所以本书选用曼-惠特尼 U 检验方法检验两个组在统计学上的差异。表 7-15 和图 7-15 表明，在答题准确度方面，动画组（$M = 0.78$，$SD = 0.19$）显著高于报告组（$M = 0.59$，$SD = 0.35$，$p = 0.000 < 0.01$），动画组参与者答题准确度分布在（0.6，1.0），并且大部分参与者答题准确度能够达到 100%，而报告组参与者答题准确度分布在（0.3，0.6），且有一部分参与者答题准确度为 0%；在完成时间方面，动画组（$M = 72.28$，$SD = 39.72$）与报告组（$M = 104.50$，$SD = 124.35$）无显著性差异，动画组完成时间整体上短于报告组，但大部分参与者的完成时间集中在 1min 左右。因此，与泥石流灾害文字报告相比，动画能够协助用户感知到更多的细节，增加视觉感知信息量，并形成短时记忆，用户能够更加深入地认识泥石流灾害。但在短时记忆过程中两者对参与者回顾灾情信息能力的影响并无显著性差异。

表 7-15　动画组和报告组实验结果

| | $M \pm SD$ | | 曼-惠特尼 U 检验 | | |
	动画组	报告组	u	z	p
准确度	0.78±0.19	0.59±0.35	1842.50	−5.556	0.000**
完成时间	72.28±39.72	104.50±124.35	3031.00	−1.362	0.173

注：M 表示均值；SD 表示标准差；**表示 $p<0.01$。

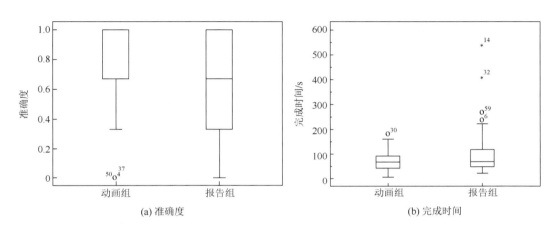

(a) 准确度　　　　　　　　　　　　　(b) 完成时间

图 7-15　动画组和报告组的统计分析

如表 7-16 和图 7-16 所示，本书对泥石流灾害信息传递清晰度进行了调查，并采用 Pearson chi-squared 检验两组参与者的感知差异性。结果表明，使用动画和文字报告进行泥石流灾害信息传递具有显著性差异（$p = 0.000 < 0.01$）。对于文字报告，有 19.79%的参与者认为不清晰甚至非常不清晰，这主要是因为文字报告字数太多，信息量大且专业性强。而对于动画，仅有 1.39%的参与者认为泥石流灾害信息不清晰或非常不清晰。此外，动画组分别有 44.45%和 36.11%的参与者认为非常清晰和清晰，比例远远高于文字报告组，这说明泥石流灾害动画具备更强的灾害信息传递能力。总而言之，泥石流灾害动画具备直观性，能够更加有效地传递灾害信息，从而有效提升用户对灾害信息的感知能力。

表 7-16　动画组和报告组偏好比较

对比组	统计值	自由度	p 值
动画组 报告组	25.505[a]	4	0.000**

注：2 个像元（20.0%）的预期计数小于 5，最小预期计数为 3.86。

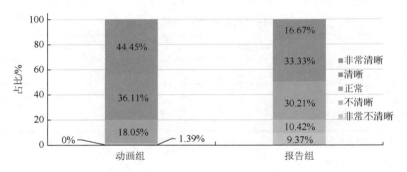

图 7-16　泥石流灾害信息传递清晰度反馈调查

7.5.4　泥石流灾害场景渲染效率分析

为了量化真实感表达对场景绘制效率的影响，本书设置两种场景：①场景 1，加载真实感建筑物和地形，采用 5m 分辨率泥石流格网；②场景 2，加载符号化建筑物和地形，采用 20m 分辨率泥石流格网。分别对场景 1 和场景 2 的可视化效率进行测试，其结果如图 7-17 所示。选择同一条路线进行场景漫游，路线为沿着沟向（自上而下），路线高程为 800m，飞行时间为 60s。

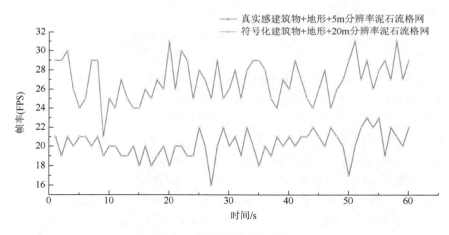

图 7-17　场景绘制效率测试

由图 7-17 可以看出，加载符号化建筑物和低分辨率泥石流格网时绘制效率明显高于加载真实感建筑物和高分辨率泥石流格网时，证明加载示意性符号在提升场景绘制效率方面具有明显的优势。

参 考 文 献

四川省统计局，国家统计局四川调查总队，2013. 四川省统计年鉴[M]. 北京：中国统计出版社.

许福来，2017. 水磨镇泥石流主沟影响因子权重分析与危险性评价[D]. 北京：中国地质大学.

杨秀元，蔡玲玲，田运涛，2014. 四川汶川七盘沟泥石流现状与危险性评价[J]. 人民长江，45（S1）：60-63.

殷爱生，夏承斋，2014. 汶川七盘沟泥石流灾害特点、成因与防治[J]. 江淮水利科技（5）：28-30.

尹灵芝，2018. 用于泥石流灾害快速风险评估的实时可视化模拟分析方法[D]. 成都：西南交通大学.

曾超，崔鹏，葛永刚，等，2014. 四川汶川七盘沟"7·11"泥石流破坏建筑物的特征与力学模型[J]. 地球科学与环境学报，
　　36（2）：81-91.

Cui P，Zou Q，Xiang L Z，et al，2013. Risk assessment of simultaneous debris flows in mountain townships[J]. Progress in Physical
　　Geography，37（4）：516-542.

Huang R Q，Li W L，2009. Analysis of the geo-hazards triggered by the 12 May 2008 Wenchuan Earthquake，China[J]. Bulletin of
　　Engineering Geology and the Environment，68（3）：363-371.

Yin L Z，Zhu J，Zhang X，et al.，2015. Visual analysis and simulation of dam-break flood spatiotemporal process in a network
　　environment[J]. Environmental Earth Sciences，74（10）：7133-7146.

Zhu J，Tang C，Chang M，et al.，2015a. Field observations of the disastrous 11 July 2013 debris flows in Qipan gully，Wenchuan
　　area，southwestern China. Engineering Geology for Society and Territory[M]. Berlin：Springer International Publishing.

Zhu J，Zhang H，Chen M，et al.，2015b. A procedural modelling method for virtual high-speed railway scenes based on model
　　combination and spatial semantic constraint[J]. International Journal of Geographical Information Science，29（6）：1059-1080.